中等职业教育美发与形象设计专业教材

盘发造型

周秋萍　主　编
胡思云　副主编

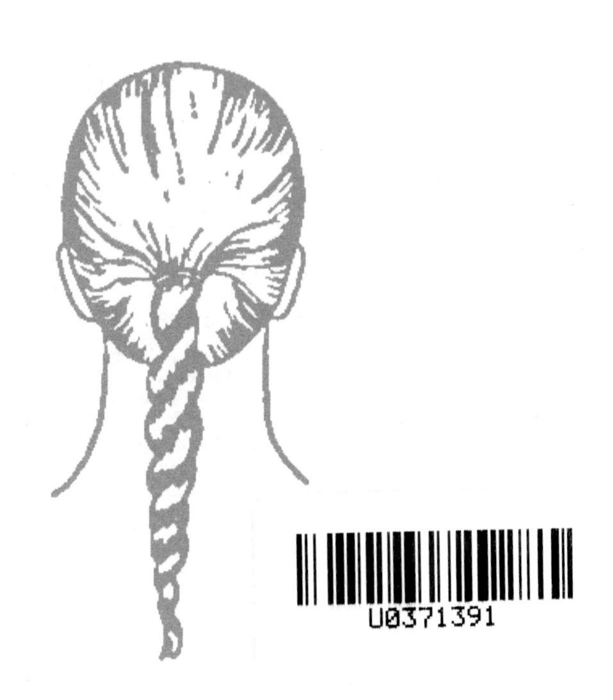

科学出版社
北　京

内 容 简 介

本书依据教育部颁发的“中等职业学校美发与形象设计专业课程设置”编写而成。全书共5个单元、24个任务，单元内容包括盘发的发展、盘发基本技法、发辫造型、发髻造型、盘发造型五个方面。本书图文并茂，形象生动，直观鲜明，学生能在轻松愉快的气氛下，充分围绕任务中提出的要求，主动进行学习。其设计目的旨在让学生对每单元的重点内容一目了然，通过技能训练，能理解和消化所讲授的内容。

本书可作为中等职业学校美发与形象设计专业的教学用书，也可作为美发师培训的教材，还可供美发师、美发爱好者参考学习。

图书在版编目（CIP）数据

盘发造型／周秋萍主编．—北京：科学出版社，2013
（中等职业教育美发与形象设计专业教材）
ISBN 978-7-03-037135-5

Ⅰ.①盘… Ⅱ.①周… Ⅲ.①理发－造型设计－中等专业学校－教材
Ⅳ.①TS974.21

中国版本图书馆CIP数据核字（2013）第049154号

责任编辑：王纯刚　王　琳／责任校对：王万红
责任印制：吕春珉／书籍设计：北京美光设计制版有限公司

科学出版社 出版
北京东黄城根北街16号
邮政编码：100717
http://www.sciencep.com

北京中科印刷有限公司印刷

科学出版社发行　各地新华书店经销

*

2014年5月第 一 版　开本：787×1092 1/16
2024年8月第十次印刷　印张：11
字数：260 000

定价：55.00元

（如有印装质量问题，我社负责调换）
销售部电话 010-62134988　编辑部电话 010-62135763-8020

《盘发造型》编写人员

主　编　周秋萍

副主编　胡思云

参　编　费素琼　崔　姚　何　静　薛　瑾　肖　蕾

前言 PREFACE

本书是为中等职业学校美发与形象设计专业的学生编写的专业课程教材。本书是以就业为导向，以学生为主体，着眼于学生职业生涯发展，注重职业素质的培养，有利于课程教学改革的指导思想来组织编写的。本书注重做中学、做中教，教学做合一，理论实践一体化；注重自主学习、合作学习和个性化教学，是引导美发与形象设计专业中职学生进入“职业化”的任务设计式教材，采用知识准备、实践操作、任务评价、综合应用、单元回顾、单元练习为模块组织编写。其功能在于以任务实践的形式，使学生系统地了解盘发的基本知识，掌握盘发的基本技能，具备盘发造型所需具备的各项素质，为今后专业技术的提升及从事专业工作做好铺垫。

本书以任务引领方式为主线，全书强调实践性，每个单元前设有知识目标、能力目标、素质目标；每个任务前有任务描述、用具准备、场地、技能要求，这是对任务的大致情况进行描述，以便初步了解学习内容。每个任务中的“知识准备”重点阐述各种技能的理论知识背景，“实践操作”注重学生对盘发实际技能的掌握，“案例分析”将任务的技能举一反三，“综合运用”重点介绍任务的最新进展，以拓宽学生的知识。

本书共5个单元、24个任务，单元内容主要分为盘发的发展、盘发基本技法、发辫造型、发髻造型、盘发造型五个方面，图文并茂，学生能在轻松愉快的气氛下，充分围绕任务进行学习。

本书由上海市第二轻工业学校周秋萍任主编，胡思云任副主编。上海市第二轻工业学校薛瑾编写了第一单元，上海市商业学校何静编写了第三单元，成都现代职业技术学校费素琼和崔姚编写了第五单元，上海市第二轻工业学校周秋萍编写了第二、四单元。本书在编写过程中得到了上海市第二轻工业学校、上海市市北职业高级中学肖蕾的大力支持，也得到了有关行业专家的指导，中国美发美容协会为本书提供了精彩的全国职业院校技能大赛图片，在此一并表示衷心的感谢！由于时间仓促，再加上编者水平有限，错误和不足之处在所难免，恳请广大读者提出宝贵意见。

目录 CONTENTS

单元 1

盘发的发展

知识目标

- 了解中国各朝代演变时盘发的特征
- 了解清代造型的制作方法

能力目标

- 学会判别各朝代演变时盘发造型
- 学会清代造型的制作方法

素质目标

- 培养对美的意识、对发型的审美感及时代感
- 通过学习能够具备与他人交流的专业素质

学习各朝代盘发

任务描述 / 从艺术的角度了解各朝盘发特点，学习相关的历史知识和专业技能，做到理论结合实践

用具准备 / 笔记本、铅笔、橡皮

场　　地 / 教室

技能要求 / 会清朝格格盘发造型

知识准备　各朝代发型特点

了解中国各个朝代演变后的盘发特点。在演变中，因帽较冠为之方便，易戴易脱，所以古代人先有帽是有道理的。假发的运用在古时就已说明，古人对于盘发的表现手法也较有先驱性。

1. 魏晋南北朝（220～581年）

魏、晋，自东晋以后至南朝（420～589年），即历史上所称南北朝时期。自南北朝以来，由于北方各族的入住中原（黄河以南，长江以北的大部分地区），不免将北方民族的服饰风沿袭到了这一朝代。南北朝妇女的发式逐渐向高大方面发展，《晋书·五行志》载："太元中公主妇女，必缓鬓倾髻以为盛饰，用发既多，不可恒戴，乃先于木及笼上装之，名曰假髻，或曰假发（如图1-1-1所示）。"这种假髻、假头，甚至借头，其做法几乎相类似于今天用于戏剧中的"假头套"在木圆头上的做法，但是比假头套要高大得多。可见自晋时起，这种高髻已风行，如飞天髻之名，也是十分雅尚的髻名。髻高对于发饰和人体美都有一定的帮助，可使人在视觉上增长其高度。

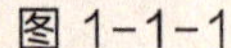

图 1-1-1

图 1-1-2

图 1-1-3

图 1-1-4

2. 隋唐五代（581～960年）

隋、唐时的妇女发饰（如图1-1-2所示），尤其唐代妇女的发髻式样和插戴丰富多彩，既有承袭前期的，又有可以创新的，髻与鬟的形式做以下说明。

髻 髻与鬟的分别在于髻（高髻、低髻、螺髻、侧髻、花髻等）是实心的。

鬟 发作环形而中空的叫做鬟，大多为青年女子所梳，其中梳双鬟（大鬟、长鬟、双鬟、小鬟、低鬟等）为多。

3. 宋代（960～1279年）

宋代妇女把长长的头发盘成各种式样的发髻，喜爱在发髻上插上各种金、玉、珠、翠做成鸾凤、花枝和各式的簪、钗、篦、梳等装饰（如图1-1-3所示）。另外，鲜花也是妇女们作发髻上插戴的。宋诗有“插花山女田西归”，其中以白茉莉花为最喜插之花，也有用翡翠鸟的羽毛来装饰的。

4. 辽金元朝（907～1368年）

辽 髻式有些像唐后期的圆鬟椎髻。

金 金妇人大多喜爱金和珠玉，常戴羔羊帽。

元 妇女发髻式样众多，云髻高梳仍为元代妇人的发式之一（如图1-1-4所示），元末在当时仍流行戴帽。

5. 明代（1368～1644年）

按明代的规定，小女未出嫁者，都作三小髻，或用金钗及珠饰头巾。明代妇女的发式有较强的地区性，一地区流行此式，另一地

图 1-1-5

图 1-1-6

区则流行另一式，而常用的发式有包头、珠箍、堕马髻、勒子等。明代女子作包髻，头饰有白珠装缀（如图1-1-5所示）。

6. 清代（1616～1911年）

清初尚沿袭明代发饰，年稍长者即用锦绫包头（如图1-1-6所示）。当时的发髻式样往往以苏州地区为尚，如流行的有“牡丹头、荷花头、钵盂”等式样。牡丹头是一种高髻，尤侗曾有诗咏云：“闻说江南高一尺，六宫争学牡丹头”。而宫中则带大拉翅，梳旗头装扮以示身份、场合。

实践操作　清代发饰造型制作方法

1. 清代发饰造型一

将后脑头发分为三个等份，将中间区域头发以三股辫的形式编好，佩戴“燕尾”。

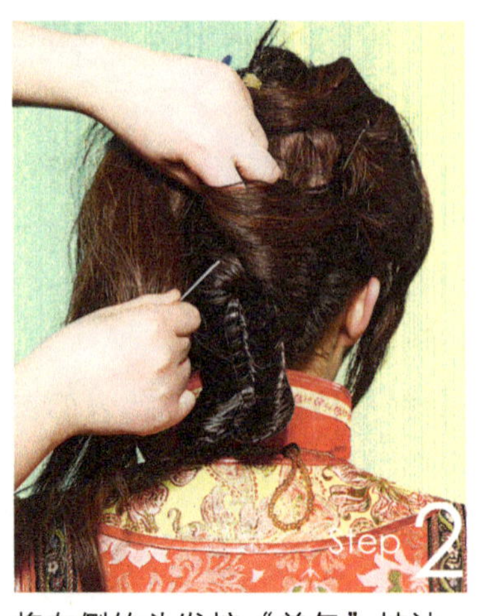

将左侧的头发按“单包”技法盘好。

将右侧的头发按“单包”技法盘好。

将头部前发区分为两个区：刘海区及头顶到耳后两个侧发区。

佩戴事先准备好的旗头，置于头顶并加以固定。

根据服装的款式来定夺旗头的大小，必要时可再添加一个旗头。

添加饰物，起到美化及衔接作用。

添加正面饰品，增加造型感。

观察造型左右是否饱满，衔接是否完美。

观察造型前后是否饱满，衔接是否完美。

2. 清代发饰造型二

将后脑头发分为三个等份，将中间区域头发以三股辫的形式编结好，佩戴“燕尾”。

将头发两侧区域盘束好，并加以固定。

根据需要设计刘海处头发的摆放。

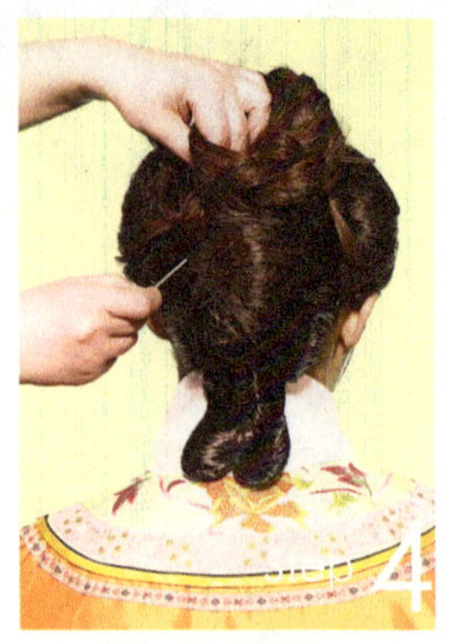

将后脑的发尾多余发量编好，加以固定。

佩戴事先准备好的旗头，置于头顶并加以固定。

根据造型的需要添加正面饰品，增加造型感。

观察造型前后是否饱满，适当地调整。

任务评价

评价内容	评价方式			评价结果
	自评（20%）	互评（20%）	师评（60%）	
是否能熟练做“单包”	□优□良□中□差	□优□良□中□差	□优□良□中□差	综合评价 □优□良□中□差
假发的运用是否合理	□优□良□中□差	□优□良□中□差	□优□良□中□差	
发饰的佩戴是否合适	□优□良□中□差	□优□良□中□差	□优□良□中□差	提升建议
造型是否饱满、衔接是否合理	□优□良□中□差	□优□良□中□差	□优□良□中□差	

图 1-1-7

此款清朝宫廷造型，借用发架梳起的架子头，可以梳得更长更稳固，还可以佩戴更多首饰，而掺杂了假发之后，也可以让头发显得更厚密。上面头花和坎肩颜色的搭配尤为突出的是宫廷造型，突出清代的审美趣味和风格，微斜刘海修饰脸型，着重在于头饰的佩戴与服装的相得益彰，凸显女性的妩媚、娇艳、华丽之感（如图1-1-7所示）。

图 1-1-8

此款清朝宫廷造型根据发型变换，做到千姿百态。此款造型选择鹅黄服饰搭配桃花妆容，小女人味般娇羞，凸显女人味，中分服帖发髻华丽而大气。鹅黄服装配合中分发髻，华美之余显得内敛（如图1-1-8所示）。

综合运用

造型要求

根据模特的脸型、气质等打造一款适合她的清朝宫廷造型。

操作要点

① 发型前额部位采用中分刻画以及顶部借用发架梳起的架子头和后侧使用的燕尾与大朵的牡丹花以及珠子发饰颜色的选择；

② 妆面要与发型效果搭配；

③ 服饰和发饰的选择风格要统一，主题要相同。

造型分析

此款清代发饰造型用清朝宫廷发型为主体，搭配服饰以强调清朝宫廷主题，再通过牡丹花以及珠子头饰、发架和燕尾等装饰点缀，使整体造型呈现清代宫廷华美、妩媚之特点。清代造型具有较强的时代特点，尝试结合所学知识借助假发及饰物来体现（如图1-1-9所示）。

图 1-1-9

了解各朝代盘发造型

任务描述 / 学习、了解各朝代的造型特征，其中包括服饰、发饰等
用具准备 / 尖尾梳、包发梳、定型水、假发包、头饰
场　　地 / 实训室
技能要求 / 会隋唐盘发造型

知识准备　各朝代服饰特点

在了解各个朝代造型的基础上，掌握各个朝代的造型特征，以免张冠李戴。例如，演清代剧，就必须穿清代服饰，反映清代的生活。我们不可能让清代人物去穿上明代服饰，因为这是违反清代法制的。当时如果违反这种制度，就要遭到杀戮的。而唐代与宋代相比裙腰束的高低也有所不同。

1. 魏晋南北朝（220～581年）

（1）服饰

由于南北朝男子的日常生活经常游牧于草原，故身穿小袖锦袍或只穿上摺而下着小口裤及穿靴。腰间束的是革带，根据史载，北族人所用的腰带是非常考究的，革带上有金玉杂宝等装饰。北朝的衣服多好用锦彩及刺绣，服色都用五色或红、紫、绿等色。一般女子的日常衣服仍以上身着襦、衫、下身穿裙子，脚上着靴（如图1-2-1所示）。木屐在当时也为妇女所着。

（2）发饰造型

饰物有步摇、花钿、簪、钗、镊子，或插以鲜花等。

2. 隋唐五代（581～960年）

（1）服饰

隋、唐妇女的日常服饰大都以上身着襦、袄、衫，而下身束裙子。在襦、袄、衫、裙上都有织文及绣文（如图1-2-2所示）。裙色以红、紫、黄、绿为多，其中红色裙最流行，而杨贵妃喜着黄

图 1-2-1

图 1-2-2

图 1-2-3

裙。那时妇女裙腰束得极高，在肩背间披一幅批帛。见杨贵妃浴后事及唐时所作的壁画陶俑等，且有裙腰上半露胸。永泰公主墓东壁壁画中，梳高髻露胸，肩披帛，长裙拖地，腰垂组带。

（2）发饰造型

唐代妇人所作发髻有用铁丝织成而外编以发加之于髻上者，即古之假髻，唐称义髻，杨贵妃常以义髻为首饰，亦有用薄木制成髻式而上加缀珠宝或画彩而为之。发髻上插饰有梳、篦、簪钗、步摇、翠翘、珠翠金银宝钿、搔头等。例如白居易《长恨歌》：“云鬓花颜金步摇”是描写发饰中的插戴装饰和应用的物件。

3. 宋代（960～1279年）

（1）服饰

宋代妇女服饰包括贵族平时所穿的衣服，大多上身穿袄、襦、衫、背子、半臂等，下身着裙子、裤，这是最普通的装束（如图1-2-3所示）。在五代的千褶裙影响下，宋代亦承袭了这种褶裙。裙腰约束较唐时为下。古代裤子是没有档的，宋代妇女的裤一般都是不常露在外面，外面加以裙子，书群大多长至足面。劳动妇女或短些。

（2）发饰造型

《东京梦华录》中：“公主出降，有宫嫔数十皆真珠钗插调朵玲珑簇罗头面”来描述宫人头饰。宋人头饰沿袭五代之风，也是竞尚高大，尤其在北宋末年上下相仿，远近流行高髻。但对于广大劳动妇女来说，除财力不允许外，也不宜劳动，而头上插的仅是荆簪铜钗。

4. 辽金元朝（907～1368年）

（1）服饰

妇人的上身衣着都是极为宽大的，称之为团衫。下身束裙。

（2）发饰造型

一般妇人首饰不许用珠翠钿子等物。头饰使用花环、冠以外、假发禁止使用（如图1-2-4所示）。

5. 明代（1368～1644年）

（1）服饰

按规定民间妇人的礼服只能用紫绿、桃红及浅淡的颜色，不能用大红、鸦青、黄色。上衣与下裙的长短随时间而变异。弘治年间妇人衣衫仅掩至裙腰；至正德年间衣衫渐大，裙褶渐多；嘉靖年间衣衫长大垂至膝下，裙则短而褶少。

（2）发饰造型

明代较为盛行包头，不问老幼皆用之，或叫做“额帕”。而明代贵族妇女发饰常用珠箍（如图1-2-5所示）。嘉靖中禾妓杜韦，梳低小尖巧的实心髻，由于髻式实心低小，所以不易蓬松，因而一

图 1-2-4

图 1-2-5

直保持其晓妆形态，当时吴中妇人都效之，号“杜韦娘髻”，后又讹为“苘香髻”。

6. 清代（1616～1911年）

（1）服饰

清代分为汉族和满族二类服饰，因满族妇女都着不分衣裳的长袍，宫中女子所着长袍外加罩一件琵琶襟的短马甲，镶滚多层是光绪间流行的大镶滚衣式（如图1-2-6所示）。汉族则仍以上衣下裙为主，至中后期亦有互为效仿穿着。

（2）发饰造型

宫中，隆重大典时则用大红穗子垂至两肩间，平时可能只用一边垂穗。额留短而带弯型的前刘海。

图 1-2-6

实践操作　隋唐五代造型制作方法

1. 隋唐五代造型一

将后脑头发分为三个等份，将中间区域头发以三股辫的形式编结好。

将牛角佩戴于头发顶端。牛角的作用为增加顶部高度。

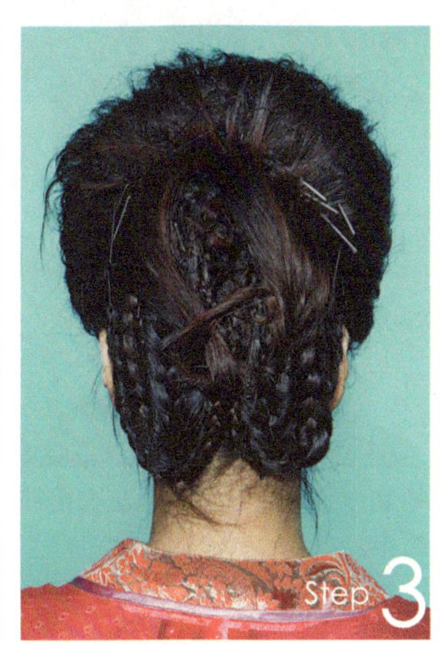

将正面头发打毛后梳理于牛角上方，增加头发高度。

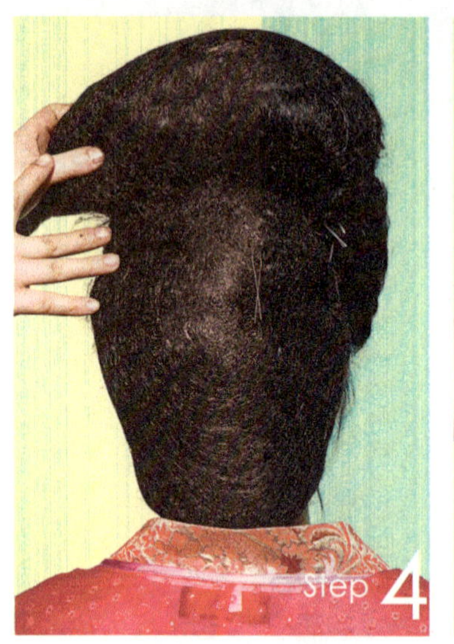

添加发包于后脑勺，增加造型的体积感。

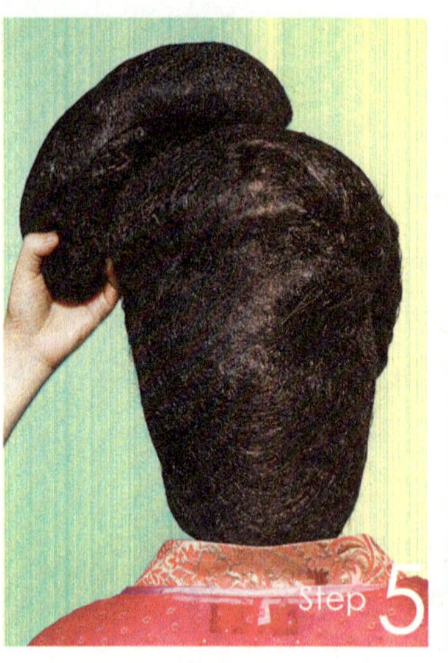

根据发型的设计要求，添加发包于头部顶端。

根据发型的设计要求选择饰物，完善造型。

将制作完成的造型进行左右衔接检查。

将制作完成的造型进行前后检查。

调整造型，使发型、妆面、服饰达到统一。

2. 隋唐五代造型二

将后脑头发分为三个等份，将中间区域头发以三股辫的形式编结好。

将牛角佩戴于头发顶端。牛角作用为增加顶部高度。

根据造型需要佩戴假发和发片。

将发片进行对折，搭于左、右两侧发区处。

将后脑区域的发片编结好，放于两额角处，增加造型感。

将发包固定于后脑勺，增加造型饱满度。

根据造型需要添加大、小牛角。

根据造型需要添加饰品。

检查整体造型前后饱满度。

检查整体造型左右饱满度，并进行最后的调整。

任务评价

评价内容	评价方式			评价结果
	自评（20%）	互评（20%）	师评（60%）	
是否能熟练编发辫	□优□良□中□差	□优□良□中□差	□优□良□中□差	综合评价 □优□良□中□差
假发的运用是否合理	□优□良□中□差	□优□良□中□差	□优□良□中□差	
发饰的佩戴是否合适	□优□良□中□差	□优□良□中□差	□优□良□中□差	提升建议
造型是否饱满、衔接是否合理	□优□良□中□差	□优□良□中□差	□优□良□中□差	

案例分析

图 1-2-7

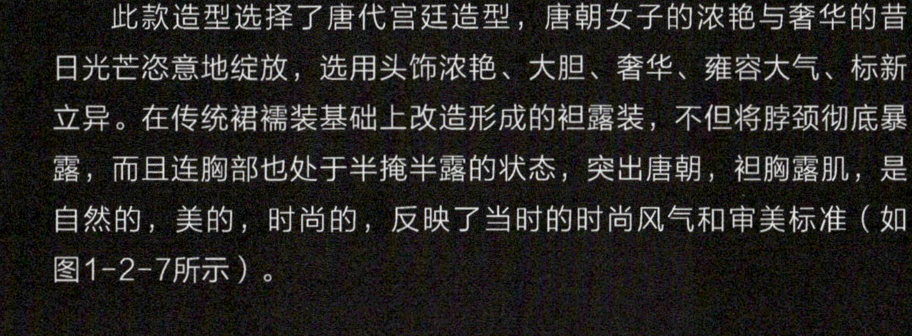
此款造型选择了唐代宫廷造型，唐朝女子的浓艳与奢华的昔日光芒恣意地绽放，选用头饰浓艳、大胆、奢华、雍容大气、标新立异。在传统裙襦装基础上改造形成的袒露装，不但将脖颈彻底暴露，而且连胸部也处于半掩半露的状态，突出唐朝，袒胸露肌，是自然的，美的，时尚的，反映了当时的时尚风气和审美标准（如图1-2-7所示）。

图 1-2-8

此款造型选择了唐代宫廷造型，唐代造型还可根据造型的需求改变发型与选择不同的头饰来表现。在头髻上插装珠翠饰品，显得华贵逼人，配以面部的妆容浓艳、华丽，富有表现力的眉毛，配上女性化的小眼睛，樱桃小嘴，就有一种感染力。通过唐代当时高而硕大的发髻、细腻轻薄的衣料将丰美的体态、奢华之中的高贵气质表现得淋漓尽致（如图1-2-8所示）。

综合运用

造型要求

根据模特的脸型，气质等打造一款适合她的唐代宫廷造型。

操作要点

① 发型采用盛唐式高髻，发髻立在头顶，发式梳挽时将头发盘旋堆集于头顶，主要以盘叠形式作成，其方法是将头发用丝线分股拢结系起，然后采用编、盘、叠等手法，把发髻盘叠成螺状，放置在头顶或两侧或前额与脑后，也可随意盘叠各种形式。在头髻上插装花钿珠翠和金石钗簪饰品；

② 妆面要与发型效果搭配；

③ 服饰和发饰的选择风格要统一，主题要相同。

图 1-2-9

造型分析

此款唐代宫廷造型。以唐代宫廷造型发型为主体，搭配服饰以强调唐代宫廷造型华贵富丽主题，再通过花钿珠翠和金石钗簪头饰点缀，在面妆上的体现“浓妆艳抹”。唐代在面妆上是一个讲求富贵华丽的朝代，因此，浓艳的“红妆”成了面妆的主流，许多贵妇甚至将整个面颊，包括上眼睑乃至半个耳朵都敷以胭脂，如此的大胆与对红色的偏爱，在其他朝代是绝无仅有的。唐代女子的眉型开辟了世界历史上眉式造型最为丰富的辉煌时代达到了眉史上的极致。上身内穿纱质红色小袖短襦，外罩黄色袒胸锦绣半臂，再现唐代女子雍容华贵的气质。唐代造型具有较强的时代特点，要求学生结合所学知识借助假发及饰物来体现（如图1-2-9所示）。

单元回顾

本单元主要介绍了中国各个朝代演变时的发型特点，从服饰、发饰造型两个方面介绍了各个朝代的造型特征。通过对基础知识的学习，完成以下任务。

1. 收集有关资料，结合本单元所学内容进行分析，进一步理解各个朝代盘发特点与造型特征。
2. 分组讨论并概括单元的主要知识要点。
3. 交流学习收获和体会。

单元练习

一、判断题

1. 中国各个朝代在演变中因帽较冠为之方便，易戴易脱，所以古代人先有戴帽之习。 （ ）
2. 假发的运用、表现手法也较有先驱性。 （ ）
3. 南北朝妇女的发式向高大方面发展。 （ ）
4. 自晋时起高髻就已风行。 （ ）
5. 髻高对于发饰和人体美都有一定的帮助。 （ ）
6. 髻高可使人增长其高度。 （ ）
7. 隋唐时的妇女发饰，既有承袭前期的，也有可以创新的。 （ ）
8. 唐代妇女们的发髻式样和插戴丰富多彩。 （ ）
9. 髻与鬟的分别在于髻是实心。 （ ）
10. 大多青年女子所梳双鬟为多。 （ ）
11. 宋代妇女喜爱在发髻上插上各种金、玉、珠、翠做的装饰。 （ ）
12. 鲜花也是宋代妇女们作发髻上插戴的。 （ ）
13. 宋代妇女以白茉莉花为最喜插之花。 （ ）
14. 宋代妇女也有用翡翠鸟的羽毛来装饰的。 （ ）
15. 明代女子作包髻，头饰有白珠装缀。 （ ）

二、选择题

1. 以下为实心髻的是＿＿＿＿＿＿。

   A. 髻　　B. 单髻　　C. 双髻　　D. 高髻

2. 发作环形而中空的叫做＿＿＿＿＿＿。

   A. 髻　　B. 鬟　　C. 高髻　　D. 低髻

3. 明代妇女的发式有较强的＿＿＿＿＿＿。

   A. 地区性　　B. 特性　　C. 差异性　　D. 显性

4. 金妇人大多喜爱戴＿＿＿＿＿＿。

   A. 鲜花　　B. 羔羊帽　　C. 皮帽　　D. 茉莉花

5. 南北朝女子的日常衣服仍以上身着襦、衫、下身穿＿＿＿＿＿＿。

   A. 裤子　　B. 长衫　　C. 短裤　　D. 裙子

6. 南北朝女子脚上着＿＿＿＿＿＿。

   A. 靴　　B. 木　　C. 布　　D. 鞋

7. 裙色以红、紫、黄、绿为多，其中＿＿＿＿＿＿裙最流行。

   A. 紫色　　B. 红色　　C. 绿色　　D. 黄色

8. 那时妇女裙腰束得极高，在肩背间披一幅画帛叫做＿＿＿＿＿＿。

   A. 裙　　B. 纱　　C. 披帛　　D. 肩纱

9. 唐代妇人所作发髻亦有用铁丝织成而外编以发加之于髻上者，即古之假髻，唐称＿＿＿＿＿＿。

   A. 高髻　　B. 低髻　　C. 义髻　　D. 假髻

10. 在五代的影响下，宋代承袭了这种褶裙为＿＿＿＿＿＿。

    A. 千褶裙　　B. 短裙　　C. 长裙　　D. 布裙

11. 明代较为盛行包头，不问老幼皆用之，或叫做＿＿＿＿＿＿。

    A. 包头　　B. 额帕　　C. 帽　　D. 皮帽

12. 明代贵族妇女发饰常用＿＿＿＿＿＿。

    A. 额帕　　B. 包头　　C. 珠箍　　D. 簪

13. 清代分为汉族和＿＿＿＿＿＿两类服饰。

    A. 满族　　B. 土族　　C. 藏族　　D. 羌族

14．宫中女子所着长袍外加罩一件琵琶襟的________，镶滚多层是光绪间流行的大镶滚衣式。

A．长裙　　B．短马甲　　C．背心　　D．短裙

15．隆重大典时则用大红穗子垂至两肩间，宫中女子常带__________。

A．花髻　　B．侧髻　　C．二把头　　D．大拉翅

三、匹配题

1．隋、唐时的妇女发饰

髻　　发作环形而中空

鬟　　分别在于髻是实心

双鬟　　大多为青年女子所梳

2．各个朝代的特征

隋唐五代　　额留短而带弯型的前刘海

魏晋南北朝　　用铁丝织成而外编以发加之于髻上，即假髻的使用

清代　　衣服多好用锦彩及刺绣

盘发基本技法 2

知识目标

- 认识盘发用具
- 了解基本技法（扎束、缠绕、发结、发环、发卷、波纹、逆梳）

能力目标

- 能运用盘发基本技法（扎束、缠绕、发结、发环、发卷、波纹、逆梳）进行盘发造型

素质目标

- 提高与人交流、与人合作的能力、能解决实际问题、能灵活运用所学知识
- 熟练使用盘发用具，掌握盘发的基本技法，并能举一反三

盘发用具使用

任务描述 / 尖尾梳、包发梳、发夹、电烫棒使用方法

用具准备 / 假人头、尖尾梳、包发梳、发夹、电烫棒

场　　地 / 实训室

技能要求 / 能运用尖尾梳、包发梳、发夹、电烫棒等工具进行盘发造型

知识准备　盘发用具的使用方法

盘发工具使用功底的深浅度是操作技能高低的象征，所以工具的使用技法是保障发型成功的基础，只有长期不断地刻苦练习，熟练、正确、全面地掌握它的使用技法，运用起来才会得心应手，作为造型师，只有熟练地掌握工具的使用技法，才能创造出更多更好更美的盘发样式，并保障质量。

1. 尖尾梳

尖尾梳是盘发造型中的重要工具之一。它由两部分组成，一部分为发梳，梳身较短，齿较密；另一部分为细长的梳柄，末端为尖圆形，两者相连一起称尖尾梳，如图 2-1-1所示。

（1）尖尾梳梳法分类

尖尾梳梳法分为顺梳、逆梳和抹梳三种。

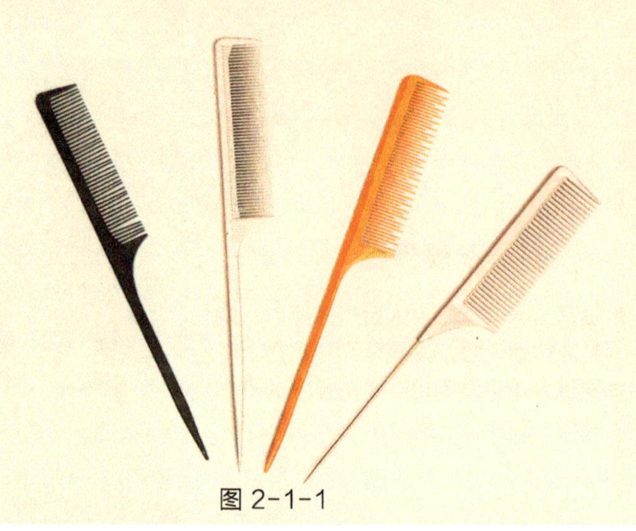

图 2-1-1

图 2-1-2

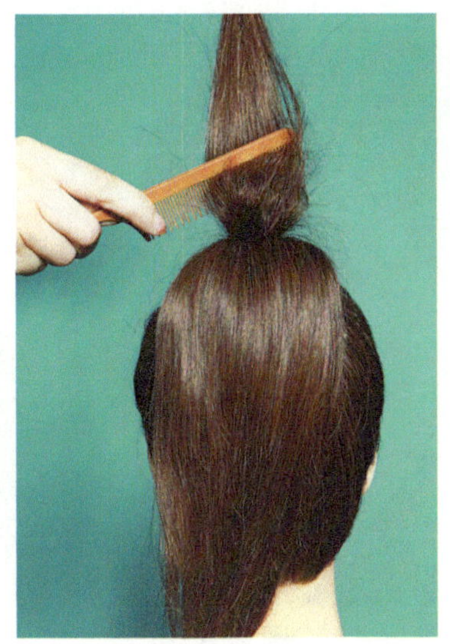

图 2-1-3

图 2-1-4

顺梳 它由发根或发杆部位向发梢将发丝梳理通顺，多用于造型中光泽、洁净面，如图2-1-2所示。

逆梳 它又称倒梳、削梳、打毛。它是将发束提起，梳齿由发杆向根部梳理，使发丝由发根到发杆形成交错的树叉状产生相互支撑的效果，从而达到增多发量的目的。它可分为内逆梳（是从发片下面由发杆向根部梳理，如图2-1-3所示）、外逆梳（是从发片上面由发杆向根部梳理，如图2-1-4所示）、内外逆梳（是从发片上面，下面分别由发杆向根位梳理）。头发需大面积逆梳时，要从内侧分层分束向外层逆梳，每束发量不可过多，以免逆梳不透影响头发的交错效果，最外层的头发逆梳时力度要轻，必要时可不采用逆梳，以免影响表层发丝造型时的通顺感。此外，多量的头发通过逆梳可使造型块面形成大而实、有弹性、不易散乱的效果。

抹梳 它是指发梳齿的倾斜度与头皮呈30° 角向外横放，使梳子的内侧边缘齿接触头发表面层，梳理时梳身必须横向运动，不可纵向运动，尽可能地要将运动线拉长，梳发要实，不要虚，动作要稳，不要慌，通过反复梳理头发表面层可达到平顺光泽的效果，尤其是对大块面的梳理最为明显。

（2）尖尾梳柄的使用技法

尖尾梳柄的使用技法有分法、转法、挑法、绕法等。

分法 它是把尖尾梳柄形成与头皮呈15° 角左右放置于头部按预想的方向进行滑动。在头部形成不同长短的分割线，相连后形成不同大小的块面，主要是在造型中起分配发量作用，这些块面在盘发中称

图 2-1-5

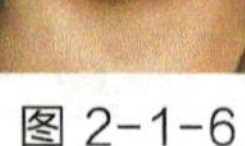

图 2-1-6

图 2-1-7

为分区，是依据发型设计需要分割而成的（如图2-1-5所示）。

转法　先将头发缠绕在手的食指、中指上，将尖尾梳柄尖端顺发片放入缠绕手指的发片内侧，相互撑住头发后再向发根进行互相配合环绕，可制作站立于尖部的空心卷和平放于头部的平形发环（如图2-1-6所示）。

挑法　它是把尖尾梳尖端插入头发里面向上抬起，可调整块面不够理想的地方，如头缝的不清晰；也可挑顺装饰作用的发丝自然展开通顺；还可挑出少量发丝在发型外面，形成飘逸、时尚、自然垂落的装饰效果（如图2-1-7所示）。

绕法　用细长的尖尾梳柄压住头发，另一只手拉发束绕尖尾梳柄一周，发束形成立体的圆形发卷（如图2-1-8所示）。

2. 包发梳

包发梳又称盘发梳，S梳。它是由许多棕束有规律地排列组合而成的。梳齿有一定硬度和弹力。梳面齿的密度较大，不易很快插入头发内将发丝梳通，虽然其形体大小不一，但使用的方法都是一致的，是盘发造型中梳理表层头发的重要工具（如图2-1-9所示）。它可分抹梳和平梳两种。

抹梳　与尖尾梳抹梳方法相同（如图 2-1-10所示）。

平梳　它是指梳齿向下横放，平行接触头发，由发杆向发梢部位梳理。可将发丝表面层梳理通顺光泽，一般多用于抹梳后没有梳顺梳光泽的部位来进行补充性梳理。梳理力度不能过重，否则会将发丝梳理的内通外顺，使块面不好组合成型（如图2-1-11所示）。

3. 夹子

发夹是用来固定发片的常用工具。一般分横线夹、竖线夹和钢夹、U型夹。

横线夹　多数为塑料质地制成，夹面横宽，多用于发束暂时固定，为造型提供方便（如图2-1-12所示），效果如图2-1-13所示。

竖线夹　夹片细长，分大、中、小三种型号，是由塑料和钢材质地制成（如图2-1-14所示）。塑料发夹夹片里面有较细小颗粒

图 2-1-8

图 2-1-9

图 2-1-10

图 2-1-11

图 2-1-12

状，夹在头发上不易滑动，是一个暂时固定头发的好工具，效果如图2-1-15所示。

钢夹　没有锯齿颗料状，夹片光滑，可暂时固定发束，一般多用于辅助造型上，用途较广泛。可分为水平、垂直、交叉等（如图2-1-16所示），效果如图2-1-17所示。

U型夹　常用来固定较多、较高、较厚的头发和连接一些底部较蓬松的头发。它一般可分为大、中、小三种（如图2-1-18所示）。

发夹　它用于固定头发（如图2-1-19所示），效果如图2-1-20和图2-1-21所示。

图 2-1-13

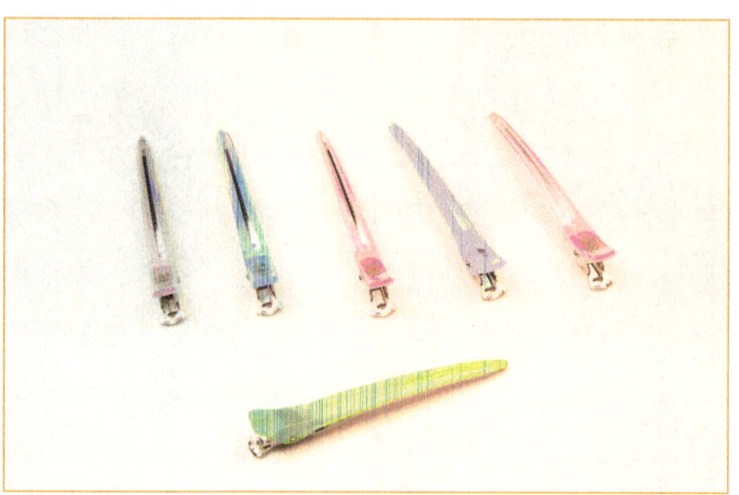
图 2-1-14

图 2-1-15

图 2-1-16

图 2-1-17

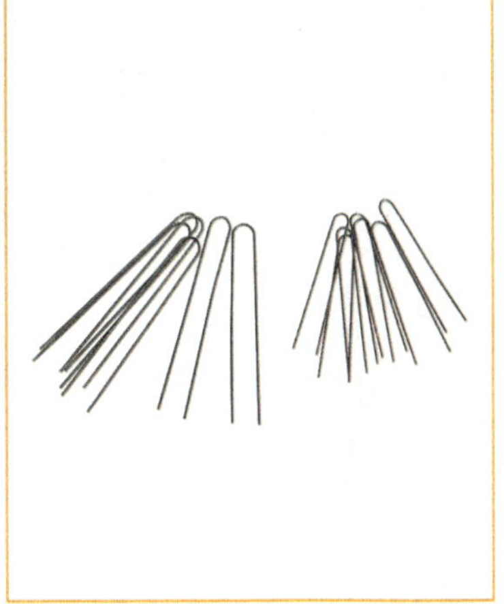

图 2-1-18

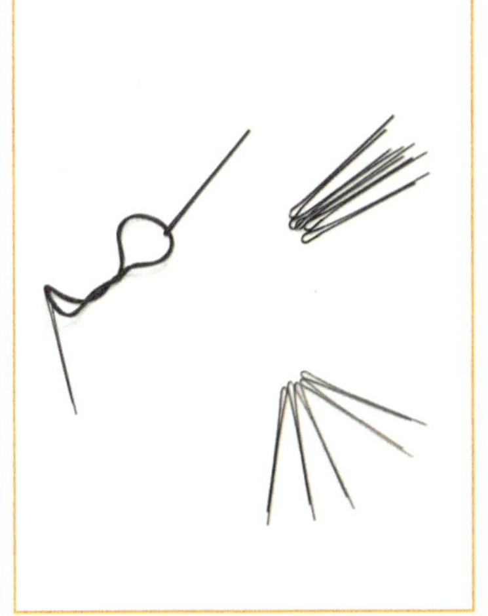

图 2-1-19

图 2-1-20

图 2-1-21

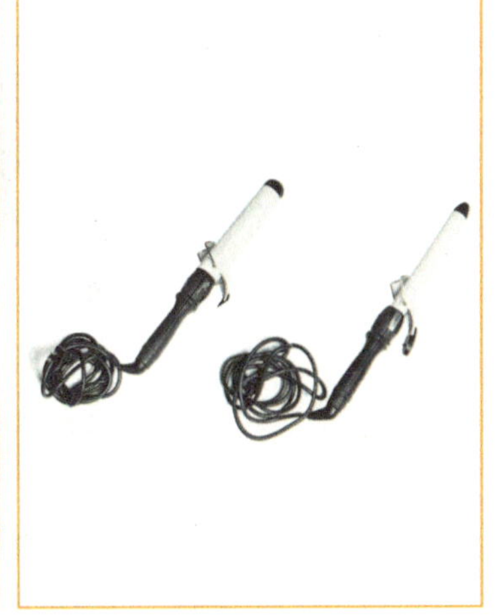

图 2-1-22

4. 电烫棒

它又称烫发钳、烫发夹。它由温度调节键、手柄、夹板、发热棒组成（如图2-1-22和图2-1-23所示）。它是通过电源开关加热使用的一种烫发工具，方便、快捷、多变，在盘发造型中是制作临时曲线的工具之一。选择电烫棒时，最好选用能自动控温的，既能保护头发不受损伤，还能保障烫发质量。

一般技法有单夹法、夹转法、夹滚法。

单夹法 它是制作发束成螺旋环状效果，从头部分出一小束头发梳理通顺，张开烫发夹板夹住发束，将发杆部缠绕在发热棒上，发束在发热棒上加热20秒左右就可松开，发束缠绕前先可用一些啫喱膏或摩丝来加强螺旋环的弹力与持久性（如图2-1-24所示）。

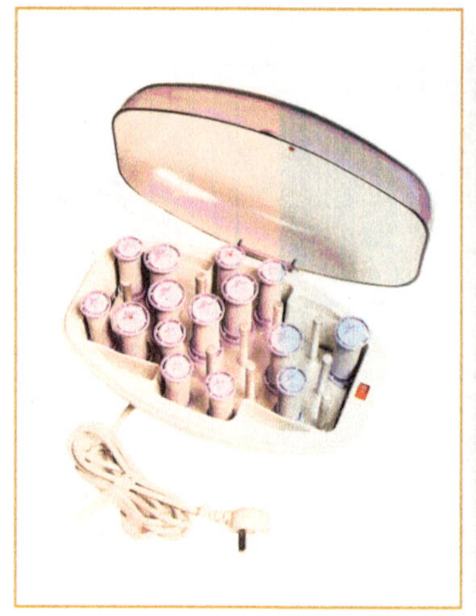
图 2-1-23

图 2-1-24

图 2-1-25

夹转法　它是制作竖立发卷的效果，也可将竖卷分成几小束来形成多束环形卷。从头部分出一小束头发梳理通顺，张开烫发夹板夹住发片下1/3上部，转动手柄使发片逐渐缠绕在发热棒上，发束在发热棒上加热20秒左右就可取出烫发棒（如图2-1-25所示）。

图 2-1-26

夹滚法　它是制作S型卷的效果，能为盘波浪发型打下良好基础。从头部分出一小束头发梳理通顺并向上拎起，发热棒与夹板合拢夹住发片并向后拉2厘米，右手将电烫棒向右侧拉同时左手将发梳按发片于发热棒上向左推，发梳按发片不动，电热棒向上滚转360°。以上逐渐退出使滚转发片成S型卷，将S型卷梳理通顺，第一道波浪即成S型，再用同样的方法反向做第二道波浪，反复运用梳理通顺即成波浪发型（如图 2-1-26所示）。

注意事项

- 发热棒切勿触及皮肤，避免烫伤。
- 勿在过分潮湿的地方使用，以防漏电。
- 用后关闭电源，拔出插头，放在隔热体上，冷却后用干毛巾擦拭干净。

实践操作　盘发用具使用方法

1. 尖尾梳的使用

顺梳

左手拿发片，右手拿尖尾梳。

尖尾梳由发根或发杆部位向发梢将发丝梳理通顺。

逆梳

左手提起发束，右手拿尖尾梳。

尖尾梳的梳齿由发杆向根部梳理，使发丝由发根到发杆形成交错的树叉状。

抹梳

左手拿发片（大片），右手拿尖尾梳。

尖尾梳的梳齿的倾斜度与头皮呈30° 角向外横放，使梳子的内侧边缘齿接触头发表面层，梳理时梳身必须横向运动。

分法

左手拿发片，右手拿尖尾梳。

尖尾梳柄形成与头皮呈15° 角左右放置于头部按预想的方向进行滑动。

转法

将头发缠绕在食指、中指上，右手拿尖尾梳。

尖尾梳柄尖端顺发片放入缠绕手指的发片内侧，相互撑住头发后再向发根进行互相配合环绕。

挑法

左手拿发片（大片），右手拿尖尾梳。

尖尾梳柄尖端挑顺发丝自然展开形成飘逸、时尚、自然垂落的装饰效果。

绕法

右手拿尖尾梳柄压住头发。

另一只手拉发束绕尖尾梳柄一周。

2. 包发梳的使用

平梳

左手托住发片，右手拿包发梳。

梳齿向下横放，平行接触头发，由发杆向发梢部位梳理。

抹梳

左手托住发片（大片），右手拿包发梳。

包发梳梳齿与头皮呈 30° 角倾斜并向外横放，使梳子的内侧边缘齿接触头发表面层，梳理时梳身必须横向运动。

3. 夹子的使用

横线夹

扎高位马尾。

做发卷。

用横线夹进行发卷的定型。

竖线夹

扎高位马尾。

根据造型要求，将马尾分份，用竖线夹固定。

在造型过程中，采用竖线夹固定发片。

钢夹

扎高位马尾。

在造型过程中，采用钢夹固定发片。

根据造型需要，采用钢夹固定发片。

U型夹

根据造型需要做发卷。

用U型夹衔接发卷。

根据造型需要，合理使用U型夹。

发夹

取发片，用发夹插入发片。

用发夹固定发片。

用发夹呈交叉状固定发片。

4. 电烫棒的使用

单夹法

分出一小束头发梳理通顺。

用烫发夹板夹住发束，将发杆部缠绕在发热棒上，发束在发热棒上加热 20秒左右即可松开。

采用单夹法，效果如图所示。

夹转法

分出一小束头发梳理通顺。

用烫发夹板夹住发片下1/3处，转动手柄使发片逐渐缠绕在发热棒上，发束在发热棒上加热20秒左右转动烫发棒。

采用夹转法，效果如图所示。

夹滚法

分出一小束头发梳理通顺并向上拎起。

Step 2

用发热棒夹板夹住发片并向后拉2厘米，右手将电烫棒向右侧拉，同时左手将发梳按发片于发热棒上向左推，发梳按发片不动，电热棒向上滚转360°，以上逐渐退出使滚转发片成S形卷。

采用夹滚法，效果如图所示。

任务评价

评价内容	评价方式			评价结果
	自评（20%）	互评（20%）	师评（60%）	
能否熟练使用尖尾梳进行顺梳、逆梳、抹梳	□优□良□中□差	□优□良□中□差	□优□良□中□差	综合评价 □优□良□中□差
能否熟练掌握尖尾梳分法、转法、挑法、绕法	□优□良□中□差	□优□良□中□差	□优□良□中□差	
能否熟练使用包发梳平梳、抹梳	□优□良□中□差	□优□良□中□差	□优□良□中□差	
能否熟练掌握横线夹用法	□优□良□中□差	□优□良□中□差	□优□良□中□差	提升建议
能否熟练掌握竖线夹用法	□优□良□中□差	□优□良□中□差	□优□良□中□差	
能否熟练掌握钢夹用法	□优□良□中□差	□优□良□中□差	□优□良□中□差	
能否熟练掌握U型夹用法	□优□良□中□差	□优□良□中□差	□优□良□中□差	
能否熟练掌握电烫棒单夹法、夹转法、夹滚法	□优□良□中□差	□优□良□中□差	□优□良□中□差	

案例分析

图2-1-27

此款发型使用电烫棒将头发采用夹转法进行造型，顶部头发先进行顺梳，然后用包发梳抹梳，产生饱满、光滑的纹理效果，顶部采用单夹法手法，将发尾做成发环侧向前额一侧，后发自然垂落，与淡雅的妆面相配合，使整个盘发造型更显简约、大方、清新（如图2-1-27所示）。

图2-1-28

此款发型制作前先用电烫棒采用单夹法进行纹理处理，然后将发尾收起，刘海向后拢起自然形成发环，发尾头发采用尖尾梳打毛，一款大方、简洁的生活盘发跃然眼前，给人清新、自然的感受（如图2-1-28所示）。

综合运用

造型要求

根据模特的脸型，气质利用所学的盘发工具使用方法设计一款适合她的盘发造型。

操作要点

① 发型要注重盘发工具合理运用。前额处头发的处理采用电烫棒的夹转法手法，将发尾自然垂落在额前，起到修饰脸型的作用，顶部的头发采用同样的手法，产生高耸的效果，两侧的头发收起，选用与发型协调的发饰起到点缀与完善发型作用；

② 妆面要与发型效果搭配；

③ 服饰和发饰的选择风格要统一，主题要相同。

图2-1-29

造型分析

采用不对称造型，将发尾头发用电烫棒采用夹转法进行造型，配以头饰点缀，一款充满青春朝气又富有女性娇美之感的盘发造型呈现在眼前（如图2-1-29所示）。

扎束的方法

任务描述 / 扎束操作
用具准备 / 假人头、尖尾梳、皮筋、喷发胶、发夹等
场　　地 / 实训室
技能要求 / 能运用扎束技法进行盘发造型

知识准备　马尾的扎束

扎束指用皮筋或发绳将所有或部分头发扎在某个部位上，形成马尾。根据扎束的不同的位置，一般可分为高、中、低三种。

高位马尾　位于头顶部，与下颏成一条约45°斜直线（如图2-2-1所示）。

中位马尾　位于头顶部与枕骨之间（如图2-2-2所示）。

低位马尾　位于枕骨下方（如图2-2-3所示）。

图 2-2-1

图 2-2-2

图 2-2-3

实践操作　扎束马尾的操作方法

将发夹穿过皮筋作好准备。

头发梳理光滑后集中在头顶处，将发夹夹在马尾根部。

皮筋绕紧头发，发夹穿过皮筋反方向绕，发夹夹在马尾根部。

任务评价

评价内容	评价方式			评价结果
	自评（20%）	互评（20%）	师评（60%）	
能否熟练使用尖尾梳进行顺梳	□优□良□中□差	□优□良□中□差	□优□良□中□差	综合评价 □优□良□中□差
能否熟练使用尖尾梳进行逆梳	□优□良□中□差	□优□良□中□差	□优□良□中□差	
能否熟练使用尖尾梳进行抹梳	□优□良□中□差	□优□良□中□差	□优□良□中□差	提升建议

案例分析

图2-2-4

此款发型选用扎束的手法，首先将所有头发扎高位马尾，然后将马尾用电烫棒采用单夹法进行纹理修饰自然盘卷在头顶，配以头饰点缀，一款简约、委婉富有女性妩媚的盘发呈现于眼前（如图2-2-4所示）。

图2-2-5

此款发型选用扎束的手法，将所有头发扎偏左高位马尾，刘海向右自然顺理，马尾用电烫棒采用单夹法进行纹理修饰，盘绕在左侧形成不对称，配以简洁头饰，使这款发型充满活泼，简约、洋溢着青春朝气，不失为一款生活盘发（如图2-2-5所示）。

综合运用

造型要求

根据模特的脸型，气质等运用所学扎束的技法打造一款适合她的盘发造型。

操作要点

① 发型要注重顶部的刻画，刘海向后拢起，两侧头发紧贴头皮，后侧头发向上，前侧头发与后侧自然衔接，配以蝴蝶型的头饰；

② 妆面要与发型效果搭配；

③ 服饰和发饰的选择风格要统一，主题要相同。

图2-2-6

造型分析

此款造型用扎束技法，搭配蝴蝶型发饰强调可爱主题，使整体造型呈现清爽、活泼、可爱、挺拔之感（如图2-2-6所示）。

缠绕的方法

任务描述 / 缠绕操作
用具准备 / 假人头、尖尾梳、喷发胶、发夹等
场　　地 / 实训室
技能要求 / 能运用缠绕技法进行盘发造型

知识准备　缠绕的概念及特点

概念　缠绕是将一股或两股头发加以旋转，紧密或宽松地扭成一种绳状的技法。

特点　随着旋转发量减少到最少，使发型小巧、紧密。

实践操作　缠绕的操作方法

扎高位马尾，取一股头发加以旋转。

紧密扭成一种绳状的效果。

将扭成绳状的头发按设计摆放。

任务评价

评价内容	评价方式			评价结果
	自评（20%）	互评（20%）	师评（60%）	
是否能准确扎高位马尾	□优□良□中□差	□优□良□中□差	□优□良□中□差	综合评价 □优□良□中□差
是否能将发丝梳光梳顺	□优□良□中□差	□优□良□中□差	□优□良□中□差	
是否能正确使用缠绕方法	□优□良□中□差	□优□良□中□差	□优□良□中□差	提升建议

案例分析

图 2-3-1

此款发型的亮点将两侧的头发采用缠绕技法，发杆用电烫棒夹转后自然垂落，明确突出了缠绕特点，使整个发型显得简洁、大方、委婉（如图2-3-1所示）。

图 2-3-2

此款发型先选用电烫棒夹转头发后，将右侧发片向左侧缠绕，左侧发片向右侧呈交叉缠绕，达到减少发量的作用，发尾自然垂落在肩上，选择钻发饰勾画出头发纹理造型，起到较强的点缀作用（如图2-3-2所示）。

综合运用

造型要求

根据模特的脸型、气质所学的缠绕技法等打造一款适合她的发型。

操作要点

① 发型要注重缠绕技法运用。将头发先采用扎束技法扎高位马尾，然后分成若干份分别采用缠绕技法，刘海采用斜分起到修饰脸型作用，采用珍珠发饰来点缀发型，起到画龙点睛效果；

② 妆面要与发型效果搭配；

③ 服饰和发饰的选择风格要统一，主题要相同。

造型分析

此款造型以缠绕技法为主体，采用扎束技法以强调挺拔主题，再通过珍珠发饰装饰点缀，使整体造型呈现妩媚、雅致的效果（如图2-3-3所示）。

图 2-3-3

发结的方法

任务描述 / 发结操作
用具准备 / 假人头、尖尾梳、喷发胶、发夹等
场　　地 / 实训室
技能要求 / 能运用发结技法进行盘发造型

知识准备　发结的概念及特点

概念　发结是由一股或两股发束交错或打结而成。

特点　通过调整发束控制发长。

实践操作　发结的操作方法

扎高位马尾，取一股发束。

打结的效果。

扎高位马尾，取两股发束交错。

打结的效果。

任务评价

评价内容	评价方式			评价结果
	自评（20%）	互评（20%）	师评（60%）	
是否能准确扎高位马尾	□优□良□中□差	□优□良□中□差	□优□良□中□差	综合评价 □优□良□中□差
是否能将发丝梳光梳顺	□优□良□中□差	□优□良□中□差	□优□良□中□差	
是否能正确使用发结方法	□优□良□中□差	□优□良□中□差	□优□良□中□差	提升建议

案例分析

图 2-4-1

此款盘发造型采用打结手法，将前额头发侧分，分别由前侧沿发际线连续打结至后发际线，左右两侧发结连接，合并打结整理造型，整个发型凸显女性的优雅、婉约的特性（如图2-4-1所示）。

图 2-4-2

此款盘发造型在前额左侧采用打结的技法，并将其他头发往右侧梳理，采用打结的技法使头发自然垂落下来，将女孩的俏皮、可爱表现得淋漓尽致（如图2-4-2所示）。

综合运用

造型要求

根据模特的脸型、气质所学的打结技法等打造一款适合她的发型。

操作要点

① 发型要注重打结的技法运用。将两侧的头发沿发际线采用缠绕技法，在后发际线处合并头发进行打结，头发纹理清晰；

② 妆面要与发型效果搭配；

③ 服饰和发饰的选择风格要统一，主题要相同。

图 2-4-3

造型分析

此款造型以打结的技法为主体，搭配缠绕技法以强调自然、清新主题，整个造型简洁、大方、凸显女性的端庄、知性的气质。（如图2-4-3所示）。

发环的方法

任务描述 / 发环操作
用具准备 / 假人头、尖尾梳、喷发胶、发夹等
场　　地 / 实训室
技能要求 / 能运用发环技法进行盘发造型

知识准备　发环的概念及特点

概念　取一束头发由发根开始一圈圈地绕到手指上，抽出手指后即成环状。

特点　可做成单环或连环。发环做好成型后还可将头发打开，形成自然的螺旋下垂形状，在发型中起点缀作用。

实践操作　发环的操作方法

扎高位马尾，取一束头发由发根开始一圈圈地绕到手指上。

抽出手指后即成环状。

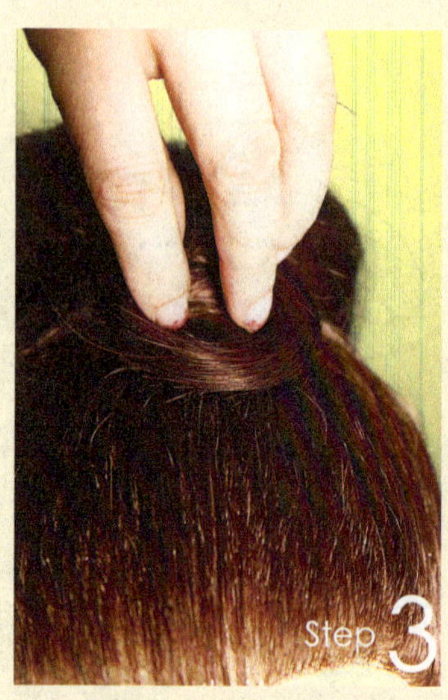

成环状的效果。

任务评价

评价内容	评价方式			评价结果
	自评（20%）	互评（20%）	师评（60%）	
是否能准确扎高位马尾	□优□良□中□差	□优□良□中□差	□优□良□中□差	综合评价 □优□良□中□差
是否能将发丝梳光梳顺	□优□良□中□差	□优□良□中□差	□优□良□中□差	
发环纹理是否光洁	□优□良□中□差	□优□良□中□差	□优□良□中□差	提升建议
发环轮廓是否饱满	□优□良□中□差	□优□良□中□差	□优□良□中□差	

案例分析

图 2-5-1

该款盘发造型采用发环的手法，加以发饰点缀，整个造型流畅、衔接自然，富有现代感（如图2-5-1所示）。

图 2-5-2

该款盘发造型将发环的手法灵活运用，选用艳丽、浓烈的发饰，彰显张扬、热情的个性，整个发型显得活泼、朝气难掩（如图2-5-2所示）。

综合运用

造型要求

根据模特的脸型、气质所学的发环的手法等打造一款适合她的发型。

操作要点

① 发型要注重发环的手法运用。将头发采用扎束的技法扎高位马尾，靠近前额的头发运用发环的手法，在发型中起点缀作用；

② 妆面要与发型效果搭配；

③ 服饰和发饰的选择风格要统一，主题要相同。

图 2-5-3

造型分析

此款造型以发环的手法为主体，搭配扎束的技法以强调妩媚主题，还可以通过头饰等装饰点缀，使整体造型呈现典雅、端庄的古典美（如图2-5-3所示）。

发卷的方法

任务描述 / 发卷操作
用具准备 / 假人头、尖尾梳、喷发胶、发夹等
场　　地 / 实训室
技能要求 / 能运用发卷技法进行盘发造型

知识准备　发卷的概念及分类

概念　将一束头发梳展后朝一个方向卷起形成空心的筒状。

分类　可分为平卷、竖卷、斜卷、变形卷。

平卷　将一束头发梳展后朝水平方向卷起形成空心的筒状（如图2-6-1所示）。

竖卷　将一束头发梳展后朝垂直方向卷起形成空心的筒状（如图2-6-2所示）。

图 2-6-1

图 2-6-2

斜卷 将一束头发梳展后朝斜向卷起形成空心的筒状（如图2-6-3所示）。

变形卷 指在普通发卷的基础上稍稍加以改变而呈现的形状，“8”字型发卷（如图 2-6-4所示），如玫瑰发卷（如图2-6-5和图2-6-6所示）。

发卷可根据头发的长短再细分为单卷、双卷（如图2-6-7所示）、多卷（如图2-6-8所示）。

特点 运用广、变化多、效果好。

图 2-6-3

图 2-6-4

图 2-6-5

图 2-6-6

图 2-6-7

图 2-6-8

实践操作　各种发卷的操作方法

平卷

扎高位马尾，取水平状的发片。

将发片打毛，表面梳理光滑。

将发片由发尾至发根卷起。

用发夹把发片固定，形成空心的筒状。

竖卷

扎高位马尾，取片状的发片。

将发片打毛，表面梳理光滑。

将发片由发根至发尾卷起。

用发夹把发片固定，形成空心的筒状。

斜卷

扎高位马尾，取片状的发片。

将发片打毛，表面梳理光滑。

将发片由发根至发尾倾斜卷起。

用发夹把发片固定，形成斜形的空心的筒状。

变形卷

扎高位马尾，取片状的发片。

将发片打毛，表面梳理光滑。

将发片由发根至发尾斜向梳理，用发夹固定。

将剩下的发片，由后向前梳理，用发夹固定，形成变形的发卷。

任务评价

评价内容	评价方式			评价结果
	自评（20%）	互评（20%）	师评（60%）	
是否能准确扎高位马尾	□优□良□中□差	□优□良□中□差	□优□良□中□差	综合评价 □优□良□中□差
是否能在高位马尾基础上做平卷	□优□良□中□差	□优□良□中□差	□优□良□中□差	
是否能在高位马尾基础上做竖卷	□优□良□中□差	□优□良□中□差	□优□良□中□差	提升建议
是否能在高位马尾基础上做斜卷	□优□良□中□差	□优□良□中□差	□优□良□中□差	
是否能在高位马尾基础上做变形卷	□优□良□中□差	□优□良□中□差	□优□良□中□差	

案例分析

图 2-6-9

此款发型采用不同发卷组合叠加，纹理清晰、发丝光滑、高低错落有致，前、侧、后衔接自然，刘海斜向额前，配以羽毛头饰，使整款造型富有时代感又不失典雅、高贵之感（如图2-6-9所示）。

图 2-6-10

此款发型采用反手玫瑰卷、斜卷、变形卷等技法，技法运用相得益彰，表现手法细腻，斜向前的刘海对脸型起到恰如其分的修饰，加以染发突出造型的层次感，头发纹理清晰，光滑，头饰点缀使整个发型、妆面、服饰浑然一体（如图2-6-10所示）。

综合运用

造型要求

根据模特的脸型、气质所学的发卷的技法等打造一款适合她的发型。

操作要点

① 发型要注重发卷的技法刻画，分别运用玫瑰卷、斜卷、平卷等技法，斜向前的刘海，整个发型层次感强，发型饱满，具有较强的表现力，红与黄交相辉映，黑、白珠子点缀使此款发型美轮美奂、精致之极；

② 妆面要与发型效果搭配；

③ 服饰和发饰的选择风格要统一，主题要相同。

图 2-6-11

造型分析

此款造型以发卷技法为主体，将玫瑰卷、斜卷、平卷等技法运用得如鱼得水，配以颜色的渲染和头饰的点缀搭配不对称的服装，再通过肩部细腻的彩绘装饰点缀，使整体造型呈现时尚、精致、典雅的感觉（如图2-6-11所示）。

波纹的方法

任务描述 / 波纹操作
用具准备 / 假人头、尖尾梳、喷发胶、发夹等
场　　地 / 实训室
技能要求 / 能运用波纹技法进行盘发造型

知识准备　波纹的概念及特点

概念　波纹是指将一束头发梳展后，先向左，再向右循环往复地将头发梳理成S形。它可分为平面波纹、立体波纹。

特点　平面波纹突出波纹的平静、缓和；立体波纹突出高耸的浪峰，具有明显的起伏感。

实践操作　波纹的操作方法

平面波纹

扎高位马尾，取片状的发片。

发片由左向右梳理，用夹子固定发片。

发片由右向左梳理。

用夹子固定发片。

Step 5

将头发梳理成S形并用饰品点缀，形成平面波纹的效果。

立体波纹

扎高位马尾，取片状的发片。

发片由左向右梳理，用夹子固定发片。

发片由右向左梳理，用夹子固定发片。

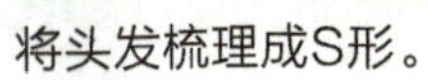
将头发梳理成S形。

形成立体波纹的效果。

任务评价

评价内容	评价方式			评价结果
	自评（20%）	互评（20%）	师评（60%）	
是否能准确扎高位马尾	□优□良□中□差	□优□良□中□差	□优□良□中□差	综合评价 □优□良□中□差
是否掌握使用平面波纹	□优□良□中□差	□优□良□中□差	□优□良□中□差	
是否掌握使用立体波纹	□优□良□中□差	□优□良□中□差	□优□良□中□差	提升建议
波纹是否完美有弧形感	□优□良□中□差	□优□良□中□差	□优□良□中□差	

案例分析

图 2-7-1

此款发型选择波纹的技法，将平面波纹和立体波纹技法有机结合、巧妙运用。通过染发来勾勒发型层次，突出起伏与块面结合以及纹理效果，不失为一款优雅的盘发造型（如图2-7-1所示）。

图 2-7-2

此款发型重点突出立体波纹的纹理效果，刘海与侧发及后发块面衔接自然，层次感强，宛如一幅优美的山水画呈现在眼前（如图2-7-2所示）。

综合运用

造型要求

根据模特的脸型、气质所学的波纹技法等打造一款适合她的发型。

操作要点

① 发型要注重波纹技法的刻画，前额、一侧的头发将平面波纹和立体波纹技法运用自如，头饰点缀，将波纹技法表现得酣畅淋漓；

② 妆面要与发型效果搭配；

③ 服饰和发饰的选择风格要统一，主题要相同。

造型分析

此款造型以波纹技法为主体，搭配发卷技法以强调波纹手法的流畅、广泛性、运用广的特点，再通过头饰装饰点缀，使整个发型彰显华丽、高贵气质（如图2-7-3所示）。

图 2-7-3

逆梳的方法

任务描述 / 逆梳操作
用具准备 / 假人头、尖尾梳、喷发胶、发夹等
场　　地 / 实训室
技能要求 / 能运用逆梳技法进行盘发造型

知识准备　逆梳的概念、特点、目的及操作方法

概念　用发梳逆着头发的生长方向梳理，使头发变得蓬松，造成凌乱的效果。

特点　增加发量，突出发型的饱满度、牢固度。

目的　将发丝与发丝之间互相错位连接，使发片或发型某部位丰满富有弹性，以起到支撑发型表面的作用，但表层不会看到杂乱的感觉。

操作方法　先观察并确定与掌控发片的距离，用右手执梳子，梳子摆放在头发1～2厘米，梳子移动时，手掌控制的发片轻轻地移动并能顺利将较短的头发放到需要的位置。

需要注意的是操作时发丝排列特别凌乱时，需调整发丝顺序再继续操作。

此外，提升角度应根据所需造型而定位。

注意事项

- 逆梳时掌握手腕转动的力量，根据发量的需要发片集中推向头皮或接发片造型的定点进行逆梳。
- 逆梳时，注意角度、距离及松紧等，根据设计的发型需要，然后有计划地逆梳。

实践操作　逆梳的操作方法

扎高位马尾，取片状的发片。

用发梳逆着头发的生长方向梳理，使头发变得蓬松，造成凌乱的效果。

任务评价

评价内容	评价方式			评价结果
	自评（20%）	互评（20%）	师评（60%）	
逆梳的力度大小适当	□优□良□中□差	□优□良□中□差	□优□良□中□差	综合评价 □优□良□中□差
表面纹理光滑	□优□良□中□差	□优□良□中□差	□优□良□中□差	
发片饱满度适当	□优□良□中□差	□优□良□中□差	□优□良□中□差	提升建议

案例分析

图 2-8-1

此款发型巧妙运用逆梳技法，将发尾进行逆梳处理，创造了花卉造型，与发卷技法相呼应，整个发型衔接自然，虚实结合，通过颜色和头饰合理选配以及清新、靓丽的妆面增加了发型的清纯、灵灵动感（如图2-8-1所示）。

图 2-8-2

此款发型选择逆梳技法，前后呼应，动静、虚实结合，将刘海、顶发、后发巧妙连接，配以亮丽颜色的处理突出逆梳特点，同时发饰起到了较好过渡和点缀作用。妆面与服饰搭配使整个造型具有时尚、靓丽之感（如图2-8-2所示）。

综合运用

造型要求

根据模特的脸型，气质、所学的逆梳技法等打造一款适合她的发型。

操作要点

① 发型要注重逆梳技法的刻画，将刘海处发尾的头发采用逆梳方法斜向一侧具有朦胧感，突出了刘海、顶部头发光滑纹理，采用反差的效果表现造型新颖、个性化；

② 妆面要与发型效果搭配；

③ 服饰和发饰的选择风格要统一，主题要相同。

图 2-8-3

造型分析

此款造型以逆梳技法为主体，搭配不对称的发卷，再通过皇冠头饰、头发颜色处理来装饰点缀，使整体造型呈现头发纹理流向、光滑与不光滑反差的效果，配以粉色妆面和珍珠饰品，使整体造型呈现新颖、甜美、个性化的感觉（如图2-8-3所示）。

单元回顾

本单元主要介绍了盘发用具的概念及特点，扎束、缠绕、发结、发环、发卷、波纹、逆梳基本技法，通过对基础知识的学习，完成以下任务。

1. 收集有关资料，结合本单元所学内容进一步掌握盘发用具使用方法和盘发的基本技法（扎束、缠绕、发结、发环、发卷、波纹、逆梳）。
2. 分组讨论并概括本单元的主要知识要点。
3. 交流学习收获和体会。

单元练习

一、判断题

1. 尖尾梳是盘发造型中的一般工具。（ ）
2. 尖尾梳梳法一般可分为三种。（ ）
3. 顺梳由发梢至发根或发杆部位梳理。（ ）
4. 逆梳又称打毛、倒梳、削梳。（ ）
5. 尖尾梳使用技法有分法、转法等。（ ）
6. 包发梳称为盘发梳、S梳。（ ）
7. 包发梳可分为抹梳和平梳两种。（ ）
8. 夹子是用来固定发片的常用工具。（ ）
9. 电热棒是通过电源开关加热使用一种烫发工具。（ ）
10. 扎束指用皮筋或发绳将所有或部分头发扎成某个部位上，形成马尾。（ ）
11. 扎束可分为高、低两种。（ ）
12. 缠绕是将一股或两股头发加以旋转，紧密或宽松地扭成一种绳状的效果。（ ）
13. 发卷是将一束头发梳理后朝一个方向卷起形成空心的圆状。（ ）
14. 波纹可分为平面波纹，主体波纹。（ ）
15. 平面波纹突出高耸的浪峰。（ ）
16. 逆梳用发梳逆着头发生长方向梳理。（ ）

二、选择题

1．尖尾梳由__________、梳柄两部分组成。

A．发梳　　B．梳柄　　C．梳齿

2．尖尾梳梳法有顺梳、逆梳、__________三种。

A．挑梳　　B．清梳　　C．抹梳

3．抹梳是指发梳齿与头发是__________角向外横放。

A．15°　　B．30°　　C．45°

4．分法是打尖尾梳与头皮呈__________角左右放至于头部。

A．15°　　B．30°　　C．45°

5．夹子是一般可用为横形夹、竖形夹和钢夹、__________夹。

A．黑发夹　　B．塑料夹　　C．U型

6．电烫棒有单夹法、夹转法、__________。

A．双夹法　　B．夹滚法　　C．夹滚法

7．夹转法是制作__________发卷的效果。

A．水平　　B．竖直　　C．斜向

8．单夹法是制作__________环状效果。

A．螺旋　　B．立体　　C．平面

9．高位马尾与下颚成一条斜直线，约__________。

A．15°　　B．30°　　C．45°

10．低位马尾位于__________下方。

A．头顶　　B．枕骨　　C．颈部

11．中位马尾位于头顶与__________之间。

A．枕骨　　B．颈部　　C．顶部

12．缠绕特点发量__________。

A．减少　　B．增加　　C．不变

13．发结特点控制__________。

A．发长　　B．发量　　C．改理

14. 发环在发型中起________作用。

A. 造型　　　　B. 修饰　　　　C. 点缀

15. 发卷可分为平卷、竖卷、斜卷、________。

A. 横卷　　　　B. S卷　　　　C. 变形卷

16. 逆梳特点增加发量、突出发型的饱满度、________。

A. 牢固度　　　　B. 丰满度　　　　C. 高耸度

三、匹配题

（1）尖尾梳　（　）

（2）包发梳　（　）

（3）U型夹　（　）

（4）竖形夹　（　）

（5）横线夹　（　）

（6）钢夹　（　）

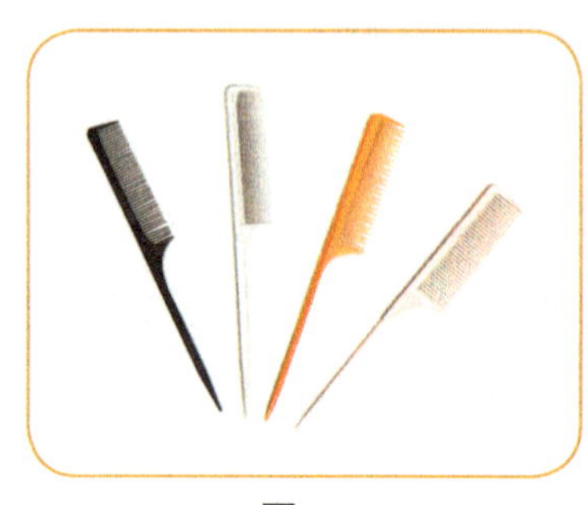

图一

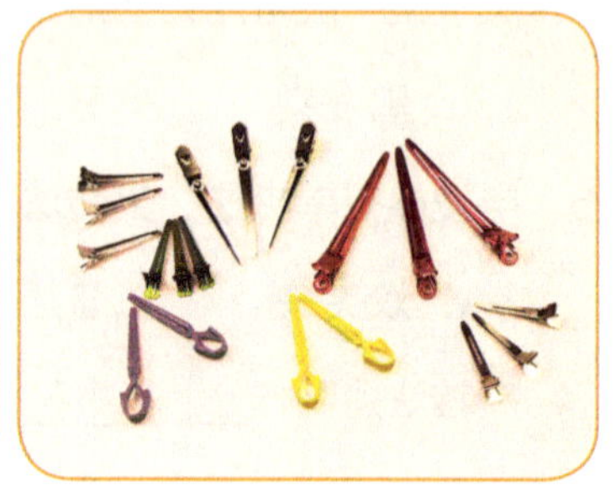

图二

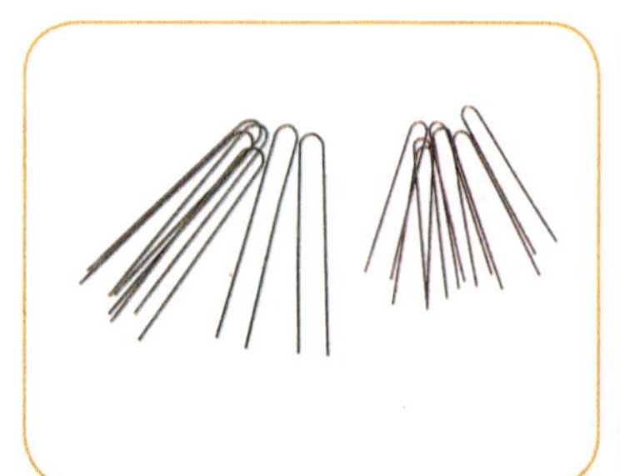

图三

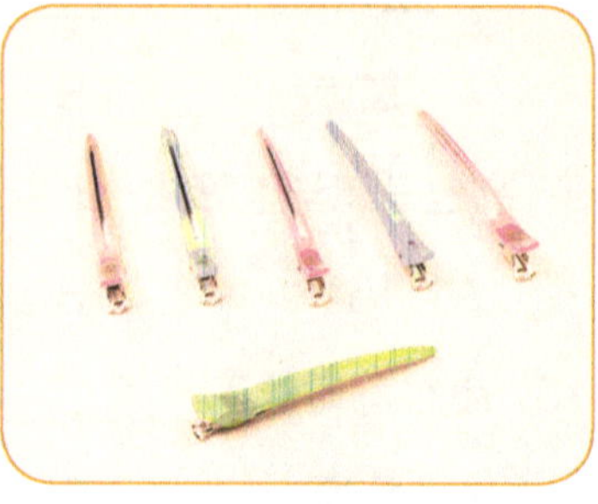

图四

图五

图六

单元 3 发辫造型

知识目标

- 掌握两股辫的编织方法
- 掌握三股辫的编织方法
- 掌握四股辫的编织方法
- 掌握多股辫的编织方法
- 掌握发辫的组合方法

能力目标

- 能运用两股辫的编织方法进行发辫造型
- 能运用三股辫的编织方法进行发辫造型
- 能运用四股辫的编织方法进行发辫造型
- 能运用多股辫的编织方法进行发辫造型
- 能将上述发辫的编织方法在同一组合造型中运用

素质目标

- 具备与人交流、与人合作的能力，能解决实际问题，能学以致用
- 熟练掌握发辫的基本技法，并能举一反三

两股辫的编织造型

任务描述 / 两股辫的编织造型
用具准备 / 假人头、尖尾梳、皮筋、发夹等
场　　地 / 实训室
技能要求 / 能运用两股辫编织方法进行发辫造型

知识准备　发辫的概念、分类及两股辫的概念

发辫的概念　辫盘造型自古以来就是我国的一种文化传统。远在三千多年前，我们的祖先就已经注意编发了，周秦时期已经利用玉簪和其他青铜金属具来挽束头发，到了战国就有了环髻、垂髻、坠马髻，三国有像蛇一样盘曲扭转的灵蛇髻等。如今，辫盘造型变得越来越简单、随意、自然了，一些简单的辫盘手法，就能为我们带来意想不到的造型效果。简单地说，发辫就是将头发分成股编成带状物，不同的分股方法塑造成不同形状的带状物，利用形状的特点来达到造型的效果。

发辫的分类　发辫编织造型分为两股辫的编织造型、三股辫的编织造型、四股辫的编织造型、多股辫的编织造型。

两股辫的概念　两股辫也可称为绳形马尾辫。这款发型将发片分成两股按顺时针方向和逆时针方向进行卷搓。

注意事项

- 在编发操作前应选择合适的发量与长度，并梳理柔顺便于操作。
- 发辫的松紧度适宜或根据特殊造型需要定夺。
- 应选用合适的发饰用品保持编结表面的光洁。

两股辫发型是将发片分成两股进行顺时针方向和逆时针方向进行卷搓。具体操作方法如下。

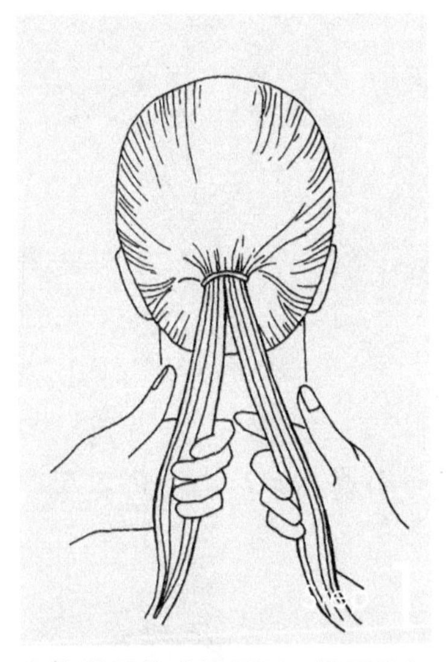

先将辫子扎成马尾形，并且均匀分成两股。

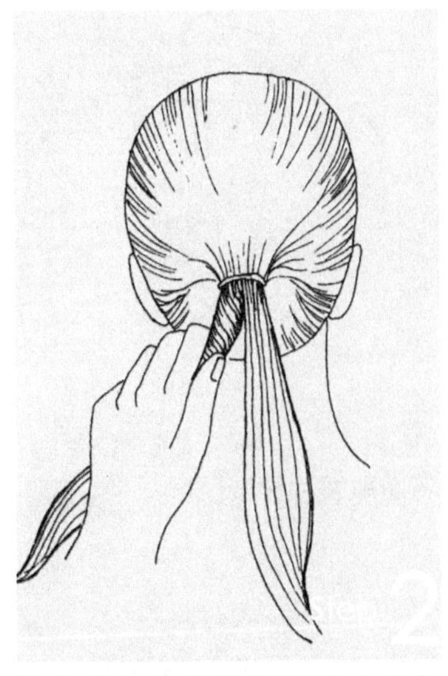

将左侧的头发按顺时针（右）方向拧搓。

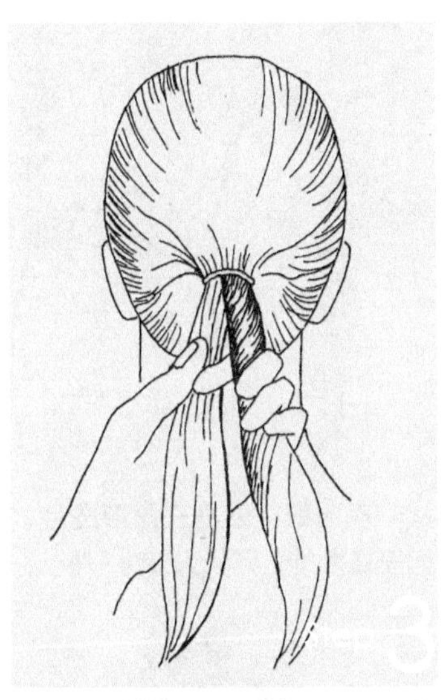

用右手食指和手掌夹住右侧的头发。

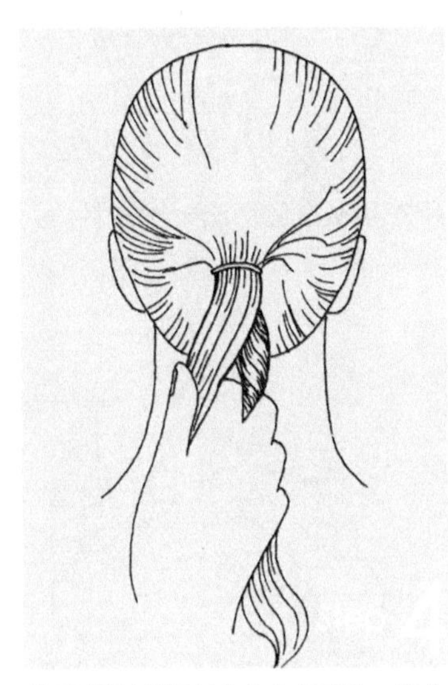

将手掌按逆时针方向下翻，将右侧的头发移至左侧。

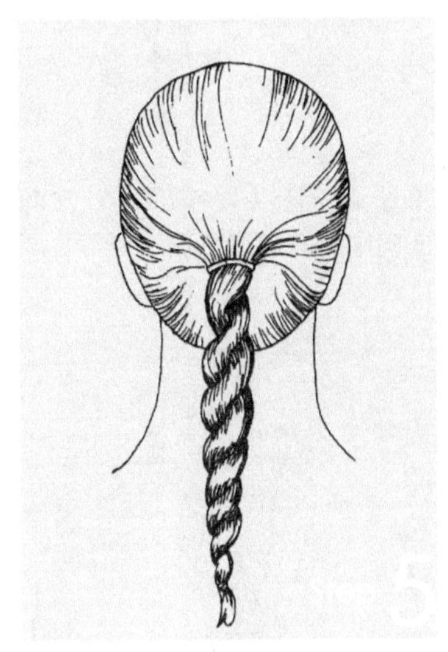

重复第二步至第四步，直至绳形马尾辫出现，如果编法正确的话，可以用橡皮筋将末端束好，防止散开。

实践操作　两股辫的编织造型

1. 两股辫的编织造型一

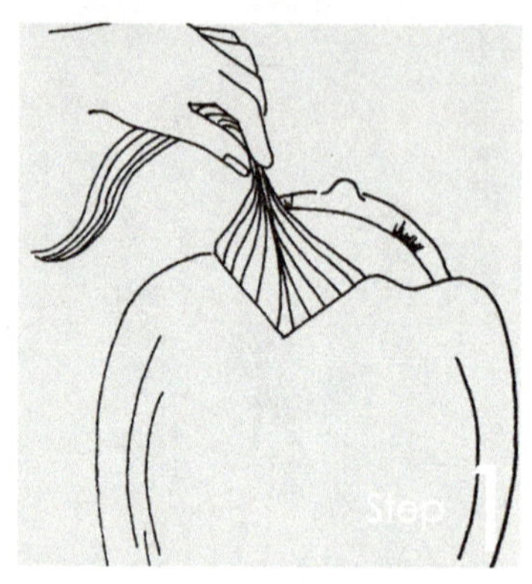

从前额区取一束呈三角形发片，如果有发旋，则从发旋处开始。

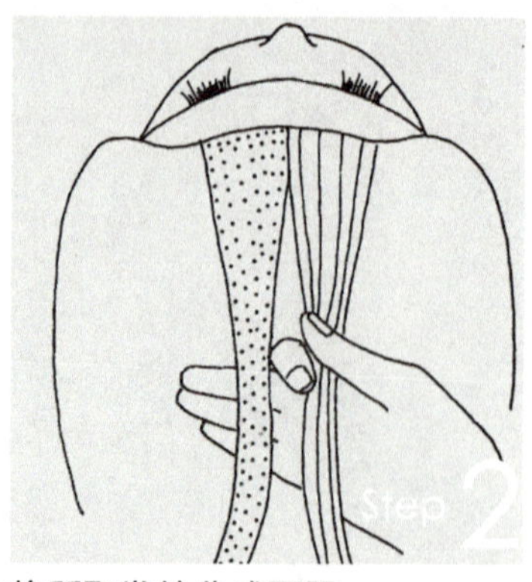

将所取发片分成两股。

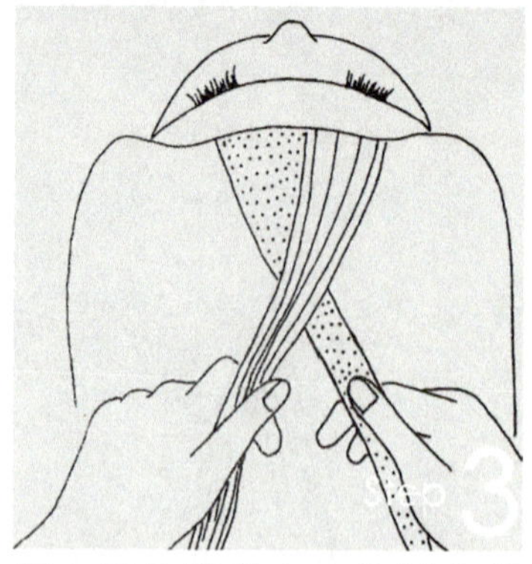

将右股头发从上方绕过左股头发。

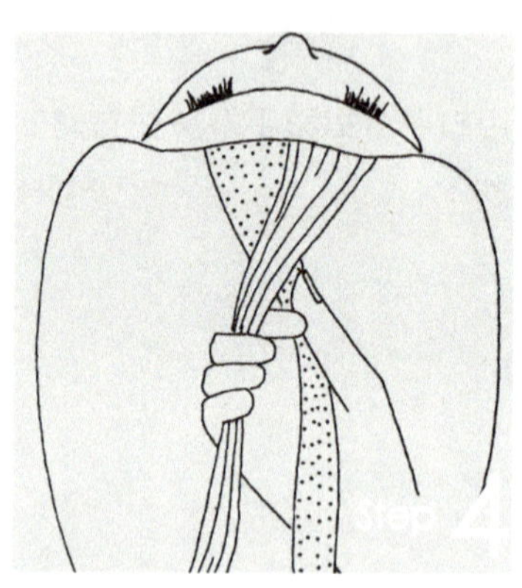

将两股头发放在右手中，将食指置于两股头发之间，掌心向上。

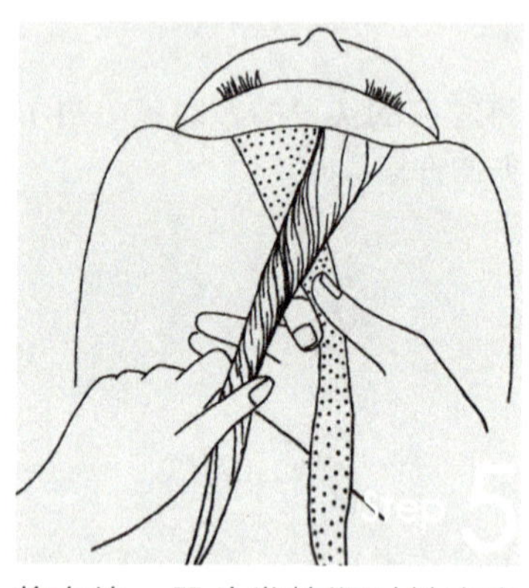

将左边一股头发按顺时针方向或向中间方向绕两次。

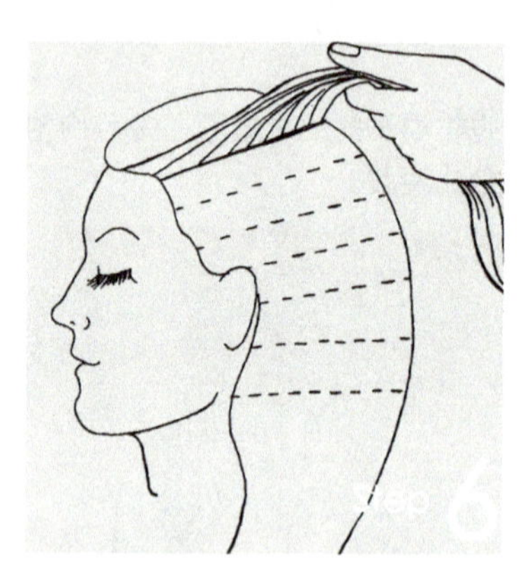

用左手从左侧取出一束发片。

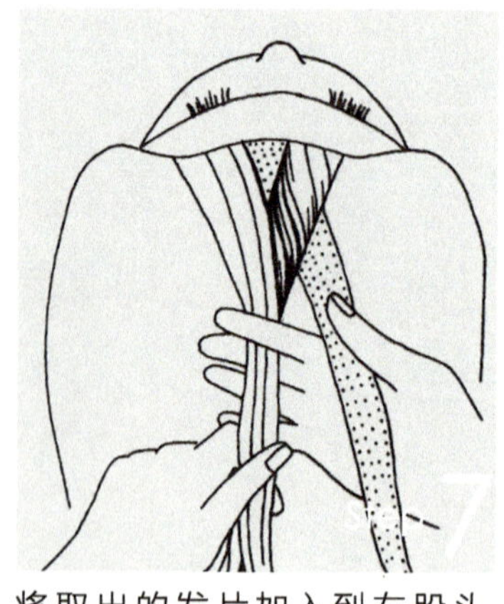

将取出的发片加入到左股头发中。

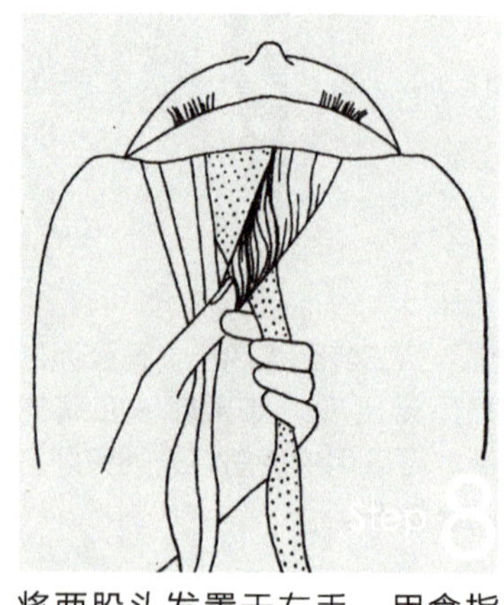

将两股头发置于左手，用食指放在两股头发之间，掌心向上。

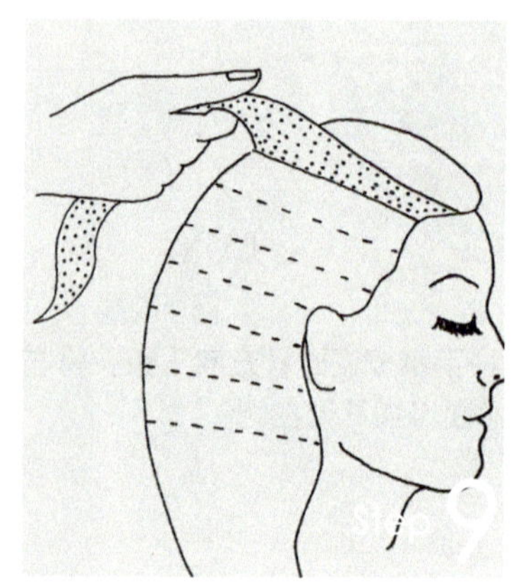

用右手从右侧取出一束发片。

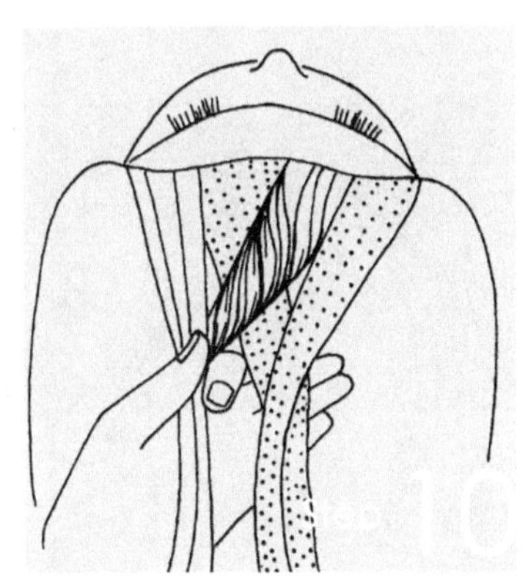

将所取的发片加入右边一股头发中。

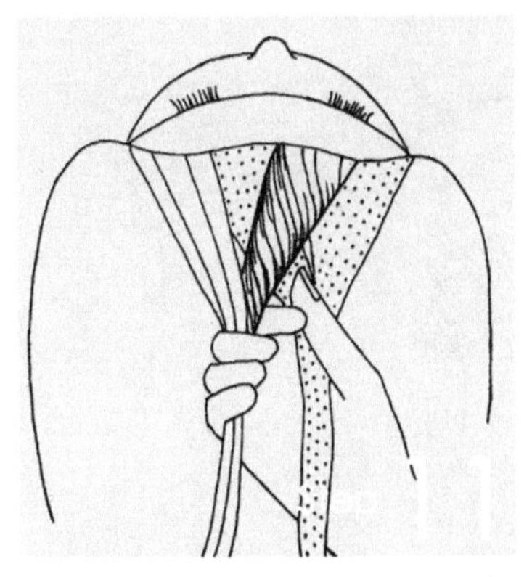

将两股头发放在右手中，将食指置于两股头发之间，掌心向上。

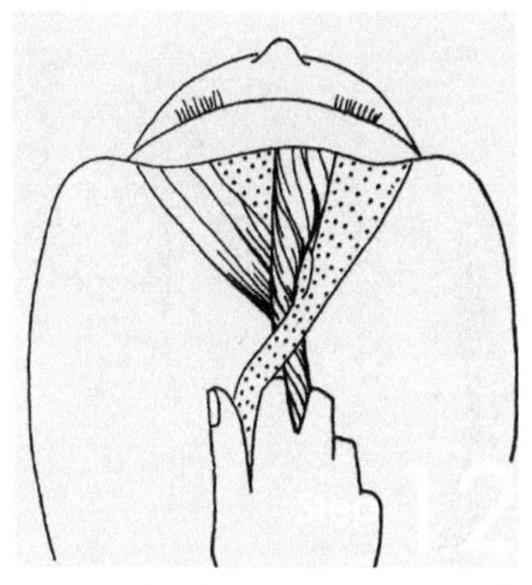

右手保持这一位置向左翻转（逆时针方向）直到掌心向下。

重复第四步至第十二步，一直向下至脖子处发型形成，用皮筋固定。

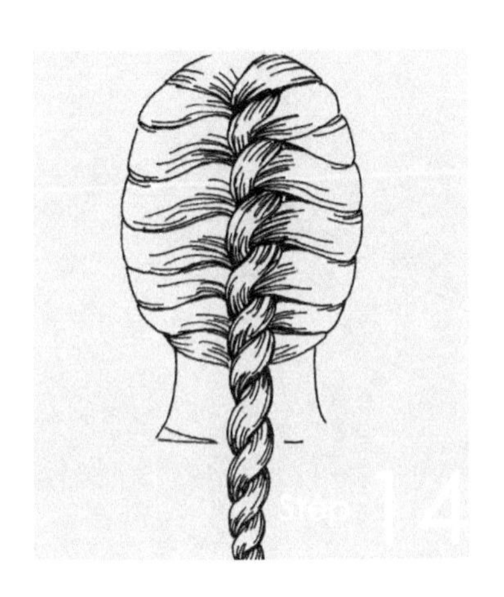

当两侧没有发片可取时，可以重复绳形马尾辫编法的第二步至第四步。这样可以使编好的头发不松开。然后发梢处用皮筋固定，让马尾自由下垂。该发型的编结部分是采用了两股辫编织的编法，增加了两侧与耳后头发的饱满性，适合一般长度的头发或波浪头。

2．两股辫的编织造型二

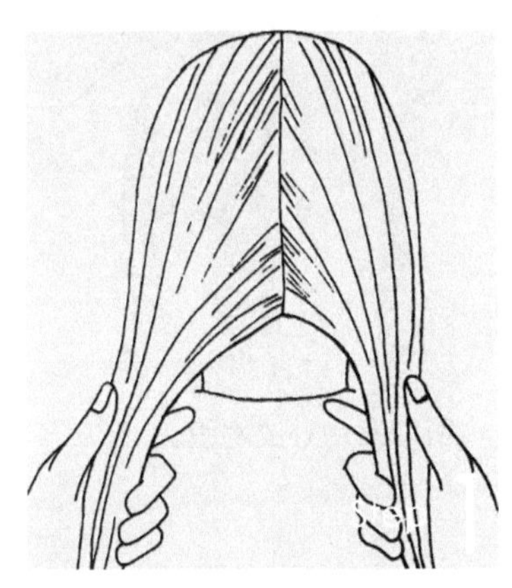

将头发分成两部分。

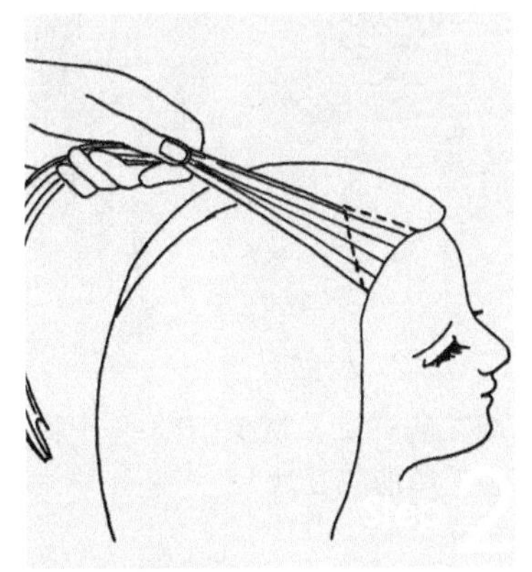

从右侧开始，在头前部选择一束呈三角形的发片。

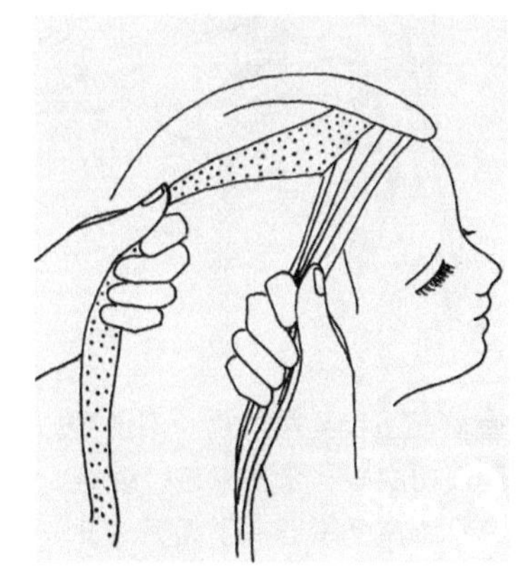

将三角形发片分成两股。

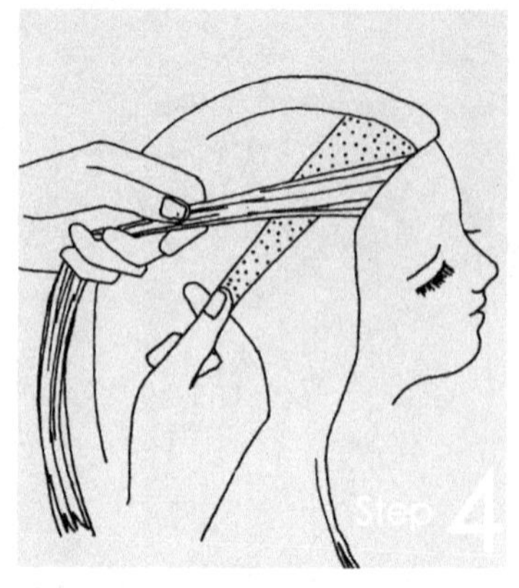

将右手上的头发绕过左手上的头发。

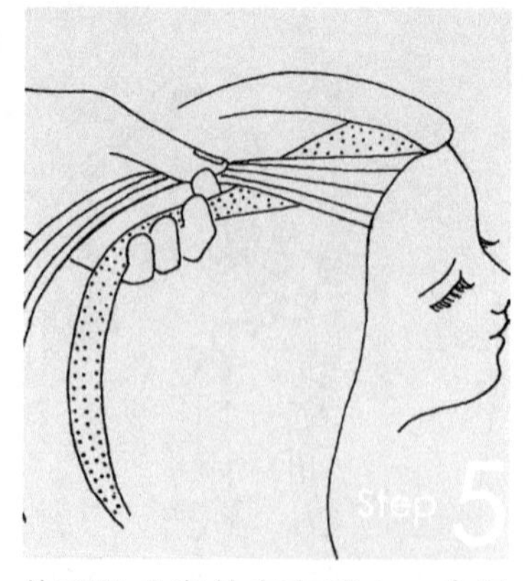

将两股头发放在左手上，食指隔开两股，左手手背一直紧贴头发。

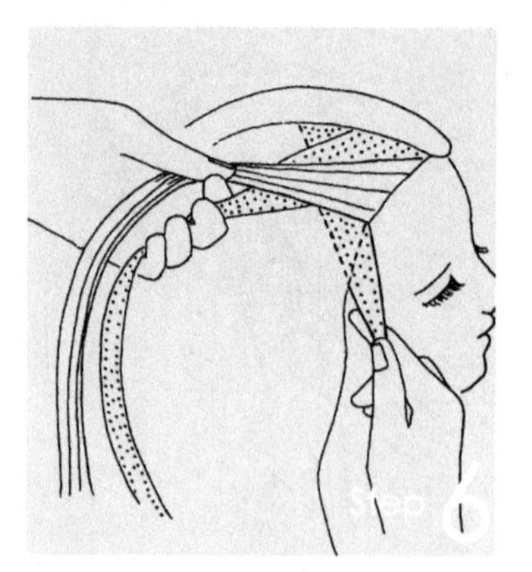

从发际线开始继续用右手向左手方向取出一个发片。

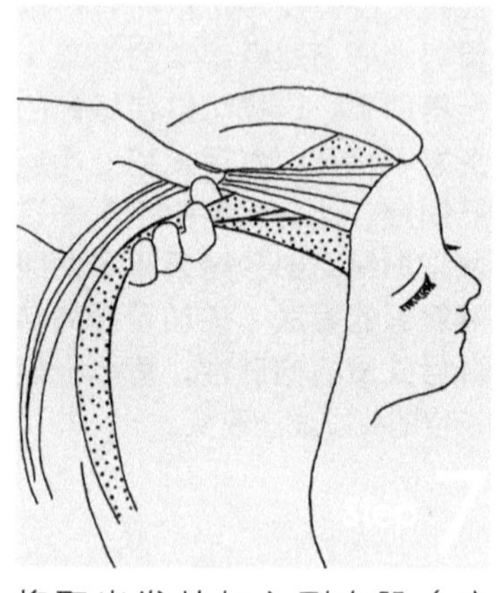

将取出发片加入到右股（底股）中。

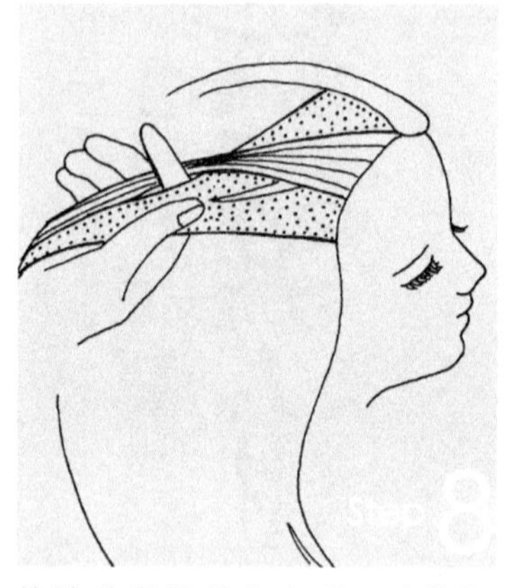

将这些发片放入右手，食指隔开两股。

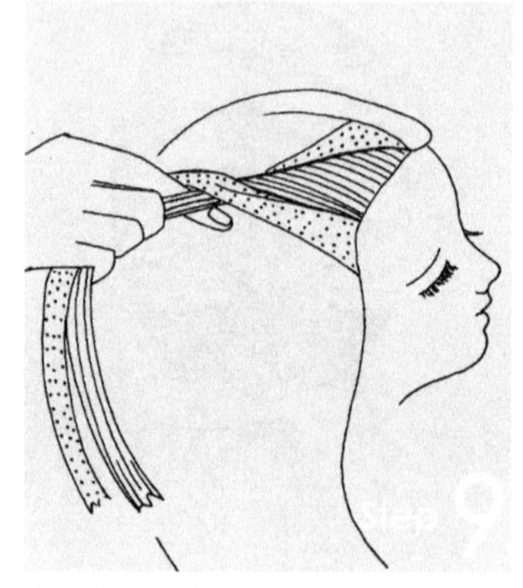

右手按逆时针方向缠绕（将右股放于左股之上进行编绕）。

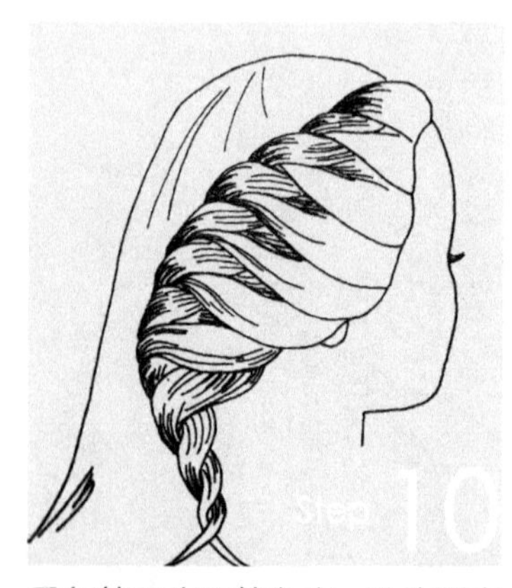

重复第五步至第九步，沿头型方向按每次取一个发片进行编绕，直到颈底部所有头发编完为止，并用发夹固定。

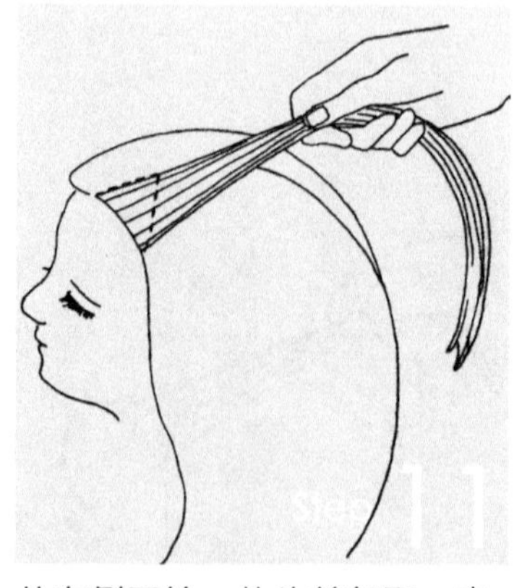

从左侧开始，从头前部取一束呈三角形的发片。

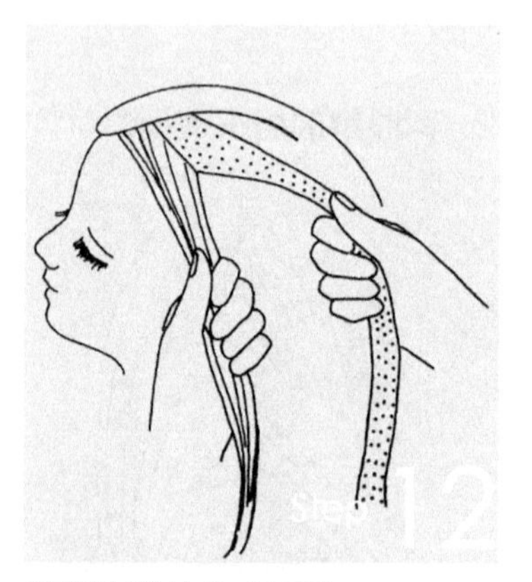

将所取发片分成两股。

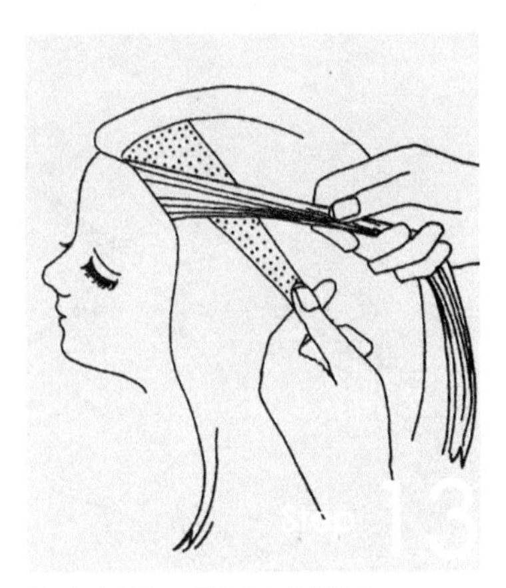

将左侧发股绕过右侧发股。

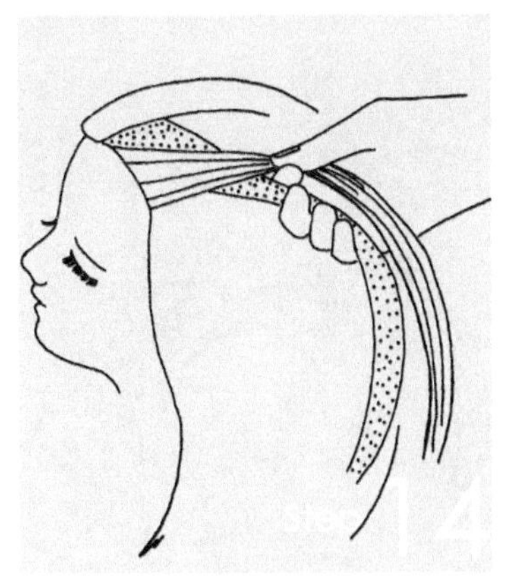

将两股头发置于右手上，食指隔开两股，右手手背一直紧贴头发。

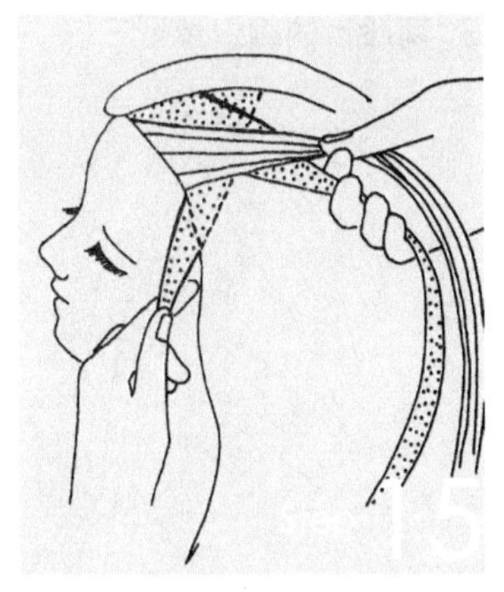

从发际线开始继续用左手向右手方向取出一个发片。

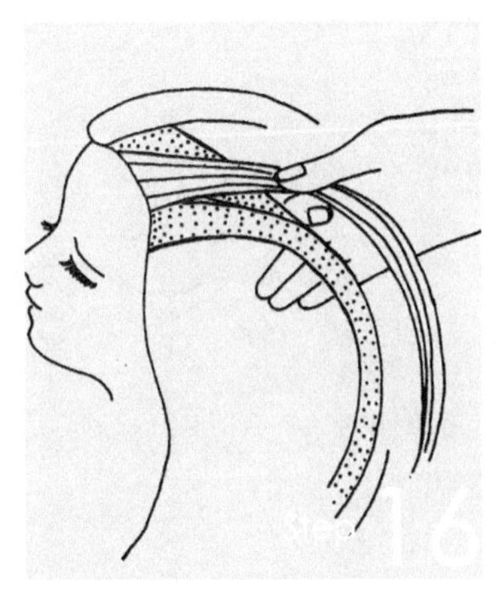

将所取发片加入到左股（底股）中。

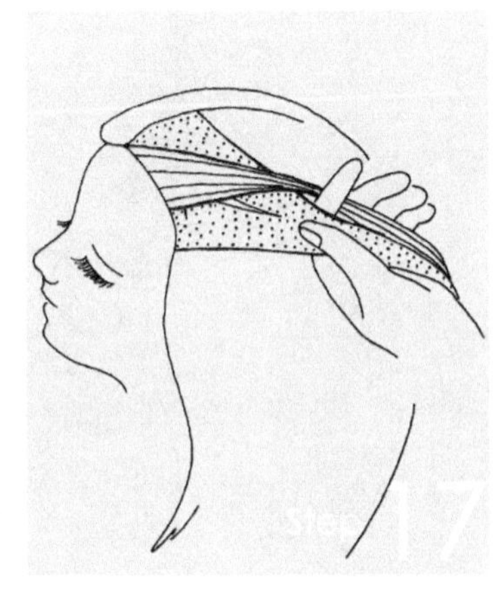

将这些发片放入左手，食指隔开两股。

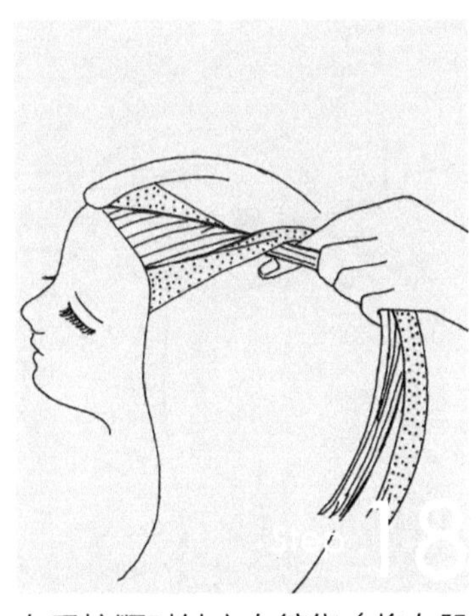

左手按顺时针方向缠绕（将左股放于右股之上进行缠绕）。

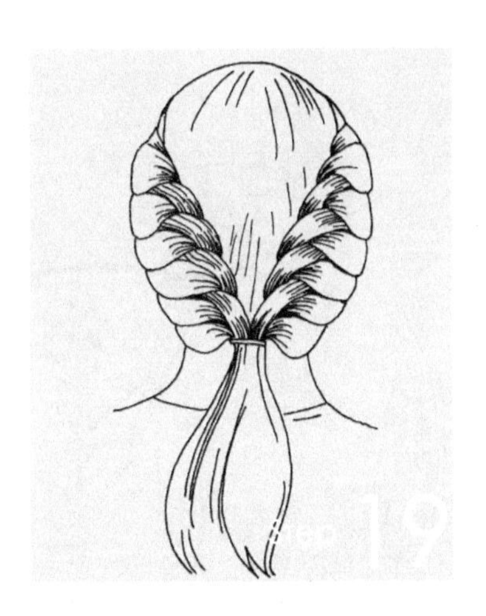

重复第十四步至第十八步，沿头型方向按每次取一个发片进行编绕，直到颈底部所有头发编完为止，然后将所编的两侧发辫合在一起用皮筋扎成马尾辫即可。

3. 两股辫的编织造型三

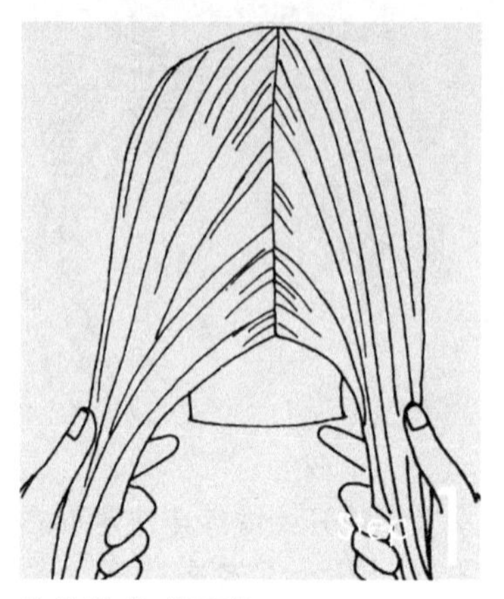

将头发分成两股。

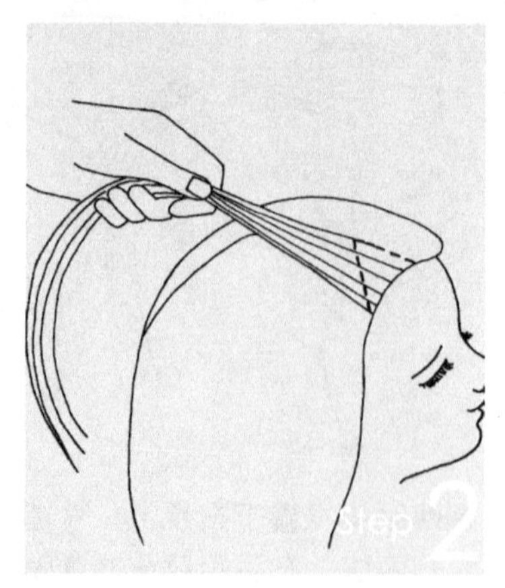

从右侧开始，从头前部取出一束呈三角形的发片。

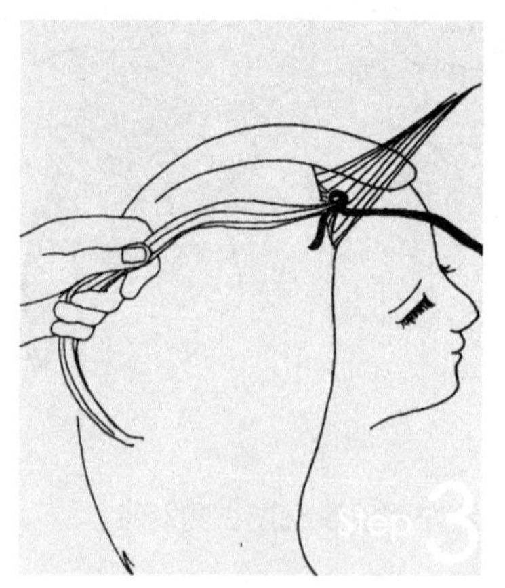

用一根缎带系在三角形发片的内部，将缎带放到脸前，不要妨碍头发的编绕。

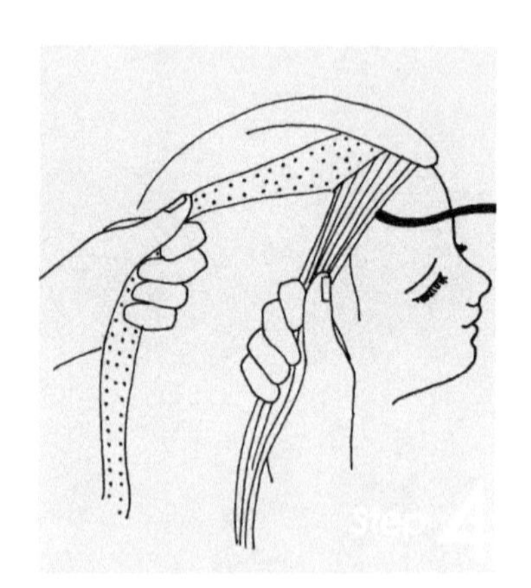

将三角形发片分成两股。

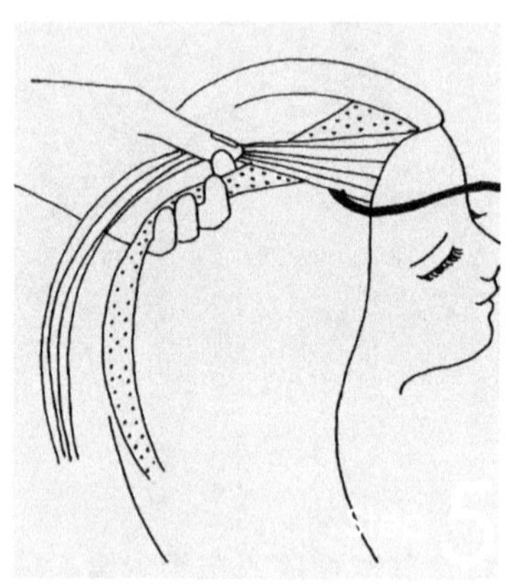

将右股头发绕过左股。

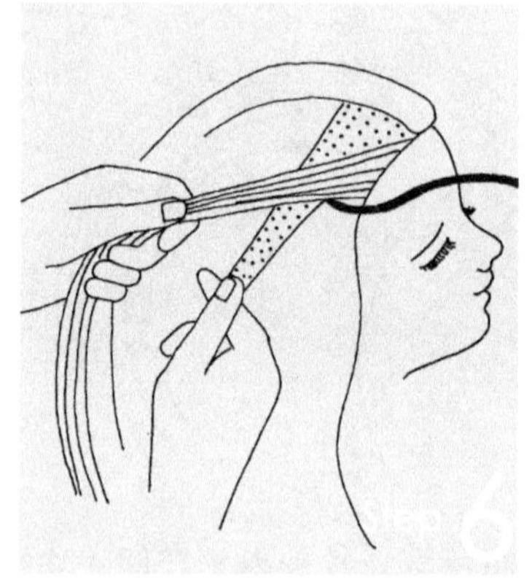

将两股头发放在左手上，食指隔开两股，总是保持左手背紧靠头发。

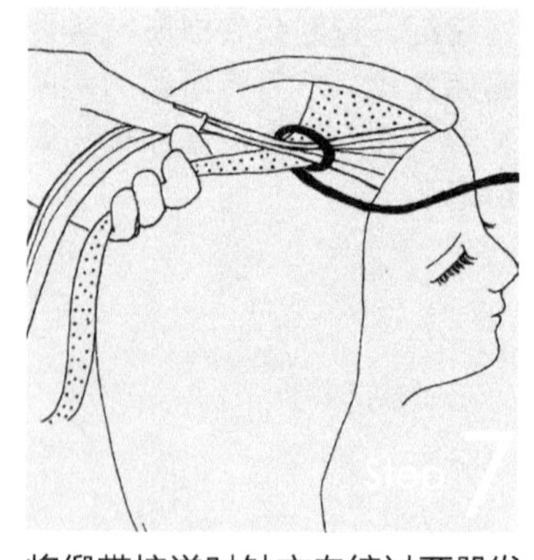

将缎带按逆时针方向缠过两股发片，仍将缎带放于脸前。

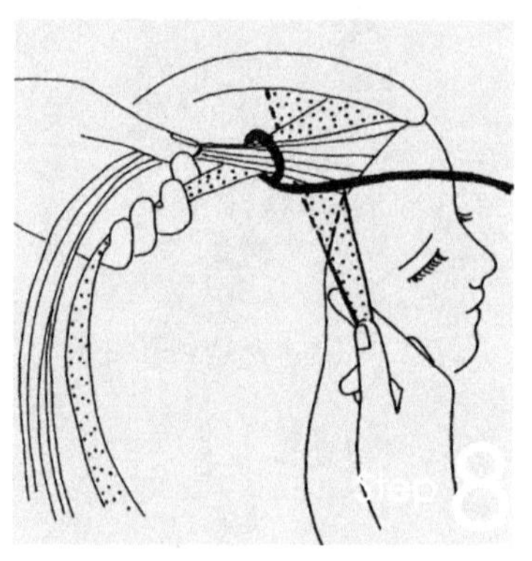

从发际线开始，继续用右手向左手方向取出一个发片。

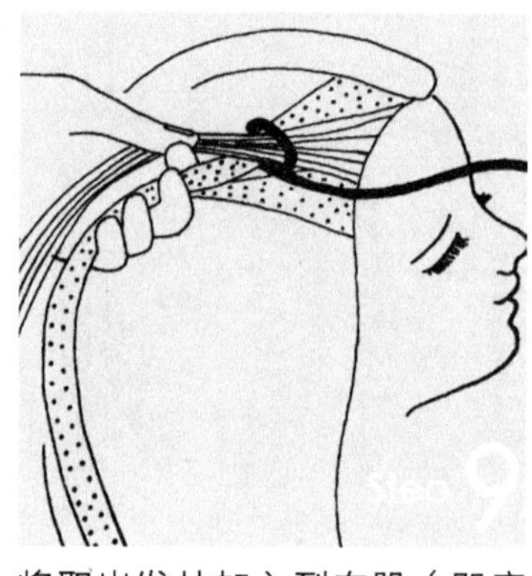

将取出发片加入到右股（即底股）中。

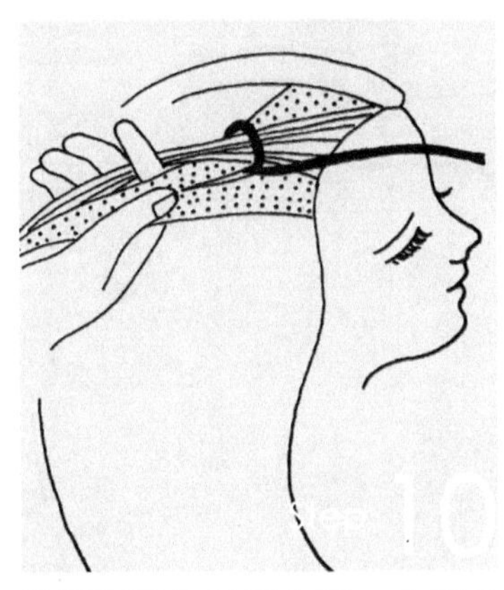

将两股发片置于右手，食指分开两股。

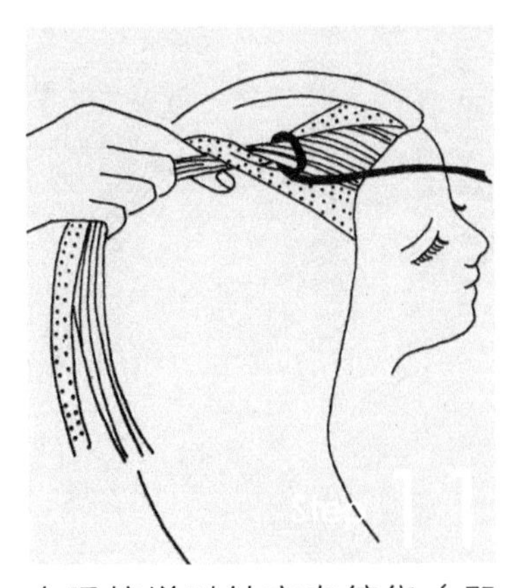

右手按逆时针方向缠绕（即将右股放于左股之上编绕）。

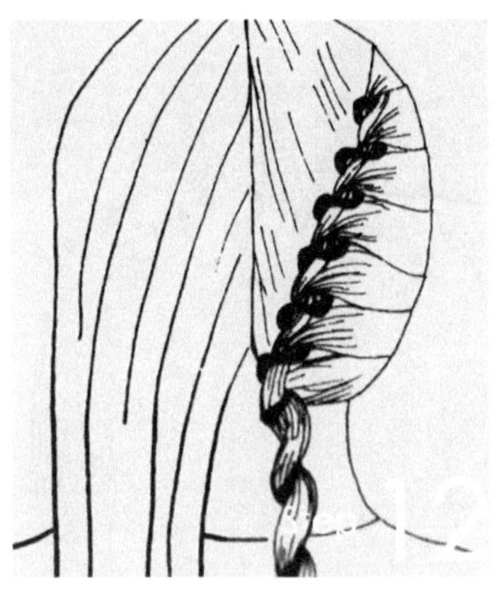

重复第六步至第十一步沿头型方向按每次取一个发片进行缠绕直至颈后部所有头发编完为止。

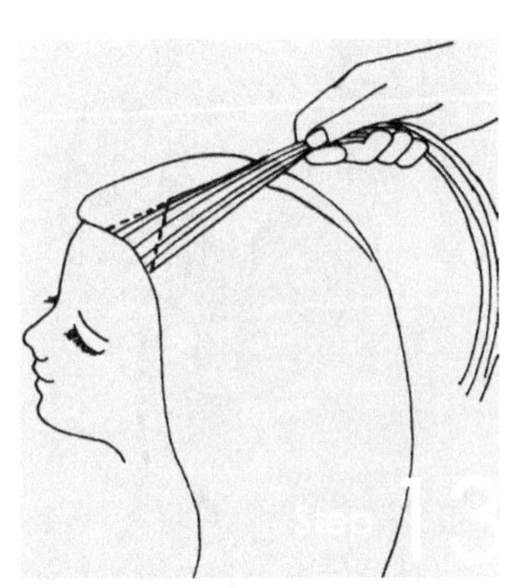

从左侧开始，在头前部取出一束呈三角形的发片。

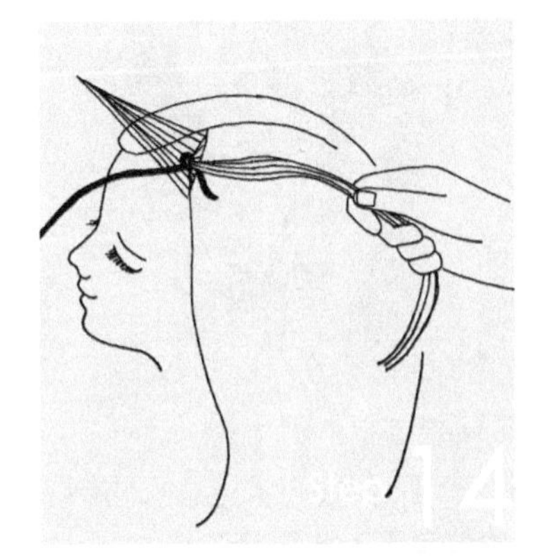

用一根缎带系在三角形发片的内部将缎带放在脸前，不要妨碍头发的编绕。

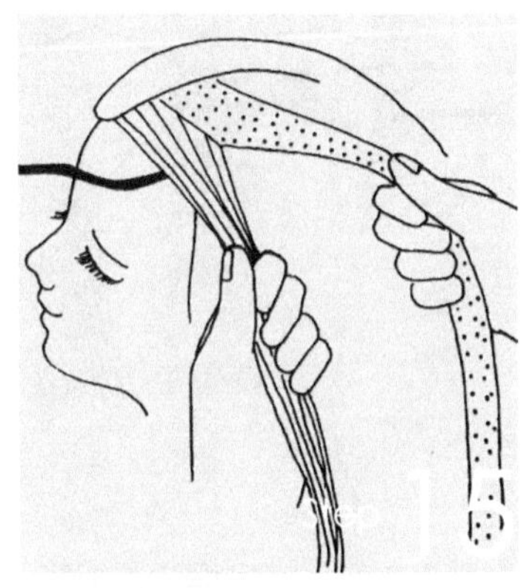

将三角形发片分成两股。

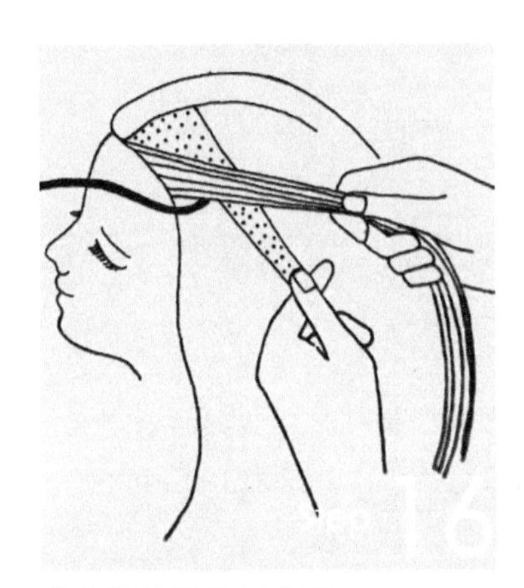

将左股头发绕过右股。

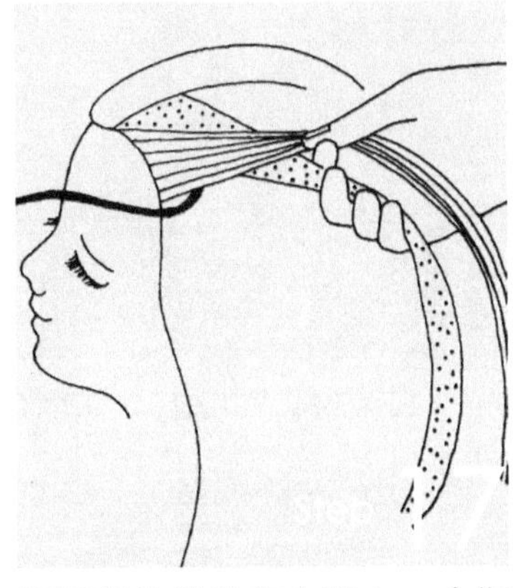

将两股头发放在右手上，食指分开两股，总是保持右手手背紧靠头发。

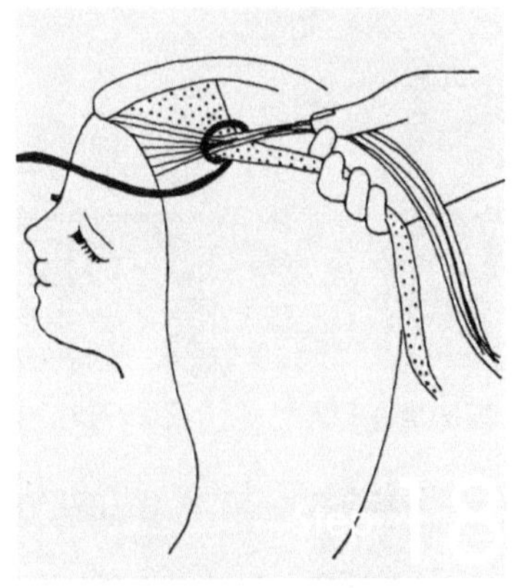

将缎带按顺时针方向缠过两股发片，仍将缎带放于脸前。

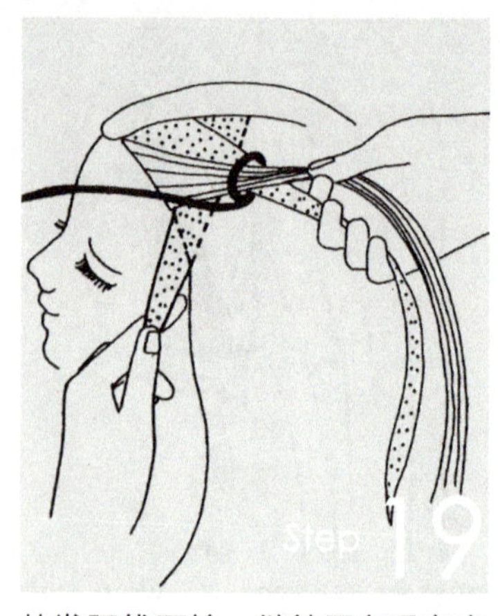

从发际线开始，继续用左手向右手方向取出一束发片。

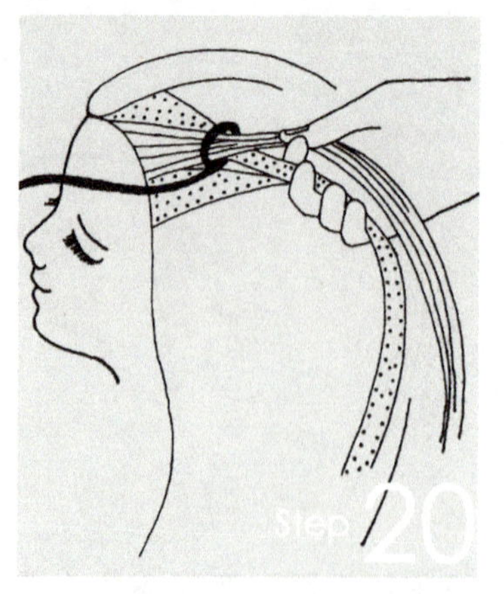

将所取发片加入到左股（即底股）中。

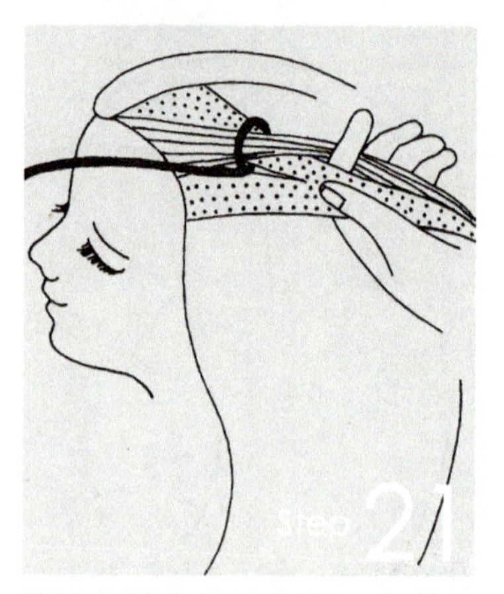

将这些发片置于左手，食指隔开两股。

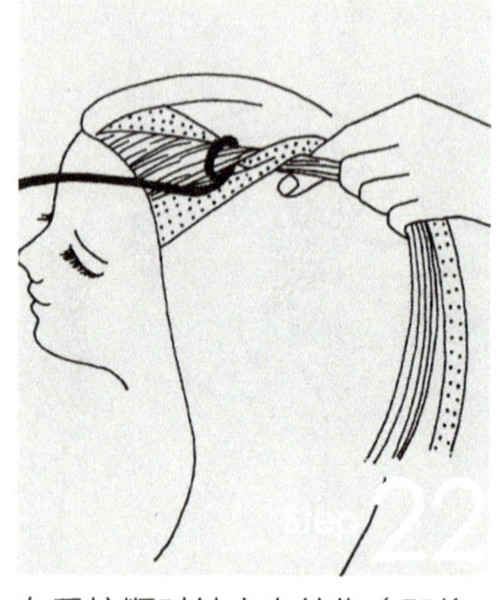

左手按顺时针方向缠绕（即将左股放于右股之上缠绕）。

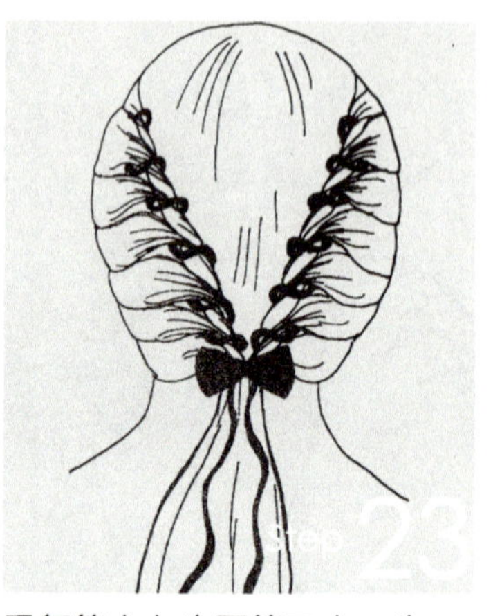

重复第十七步至第二十二步，沿头型方向按每次取一个发片进行缠绕直至颈后部所有头发编完为止，将两侧编好的辫子扎成马尾辫。

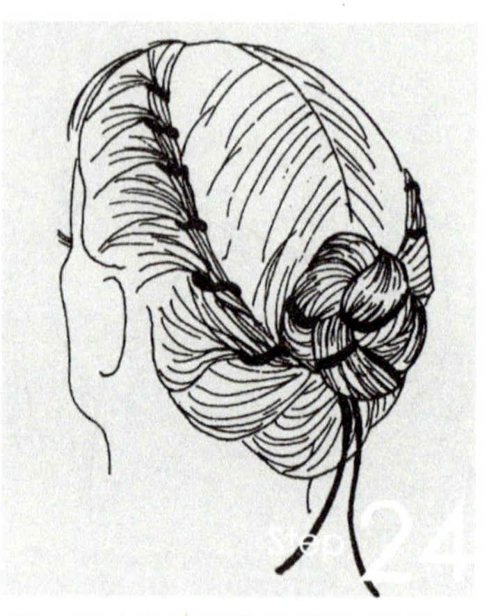

另一种编法就是将马尾辫的两个发片用剩余缎带缠绕起来，然后盘一个发髻。

任务评价

评价内容	评价方式			评价结果
	自评（20%）	互评（20%）	师评（60%）	
编法是否正确	□优□良□中□差	□优□良□中□差	□优□良□中□差	综合评价 □优□良□中□差
发片厚薄均匀	□优□良□中□差	□优□良□中□差	□优□良□中□差	
发辫是否饱满	□优□良□中□差	□优□良□中□差	□优□良□中□差	提升建议
纹理是否光洁	□优□良□中□差	□优□良□中□差	□优□良□中□差	

三股辫的编织造型

任务描述 / 三股辫的编织造型

用具准备 / 假人头、尖尾梳、皮筋、发夹等

场　　地 / 实训室

技能要求 / 能运用三股辫编织方法进行发辫造型

知识准备　三股辫的概念及分类

概念　三股辫是最常见的一种编发手法。将两股头发从中间一股头发上面或下面绕过，逐一编排。三股辫造型简单、大方，立体饱满。

分类　三股辫通常可分为正辫、反辫和方辫三种，并且衍生出花辫。

正辫　将头发分成三股，从右至左为“1”、“2”、“3”，按“1”压“2”，反“3”编成的发辫（如图3-2-1所示）。

反辫　将头发分成三股，从右至左为“1”、“2”、“3”，按“1”反“2”压“3”编成的发辫（如图3-2-2所示）。

方辫　它是在三股正辫、反辫的基础上变化来的（如图3-2-3所示）。

花辫　它是在三股正辫的基础上变化来的（如图3-2-4所示）。

图 3-2-1

图 3-2-2

图 3-2-3

图 3-2-4

实践操作　三股辫的编织造型

1. 三股辫的编织造型一——三股正手双边蜈蚣辫

分出三束头发。

第一节的操作与三手正辫相同。

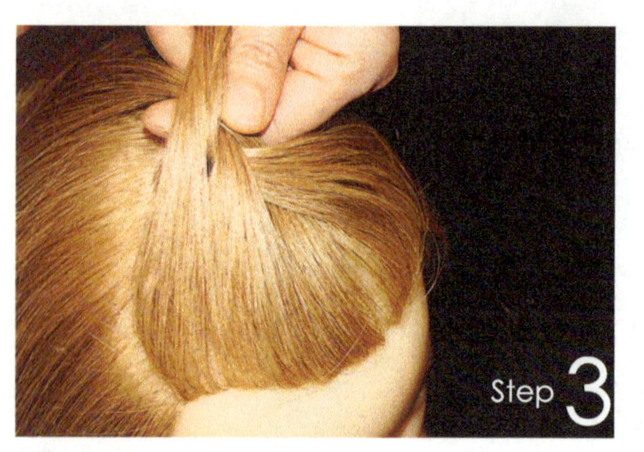

第二节开始从右侧加入发束。

左侧也相应加入发束编织。

继续加入发束编织。

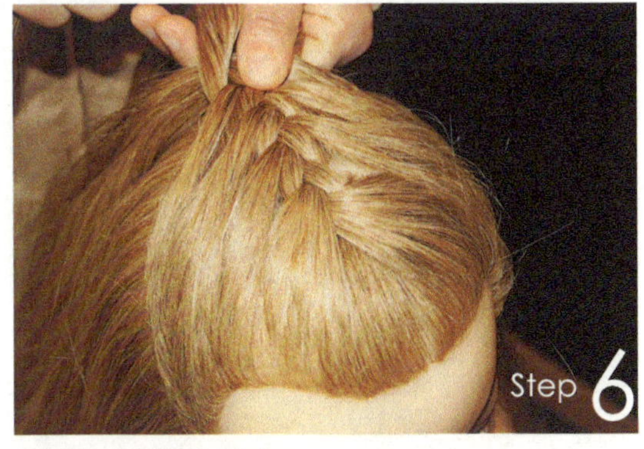

继续从左侧加入发束。

继续编织至整条发辫完成。

将完成后的发尾挽成髻内卷。

下夹子将发髻固定。

也可以将发尾直接固定。

用饰品做修饰。

2. 三股辫的编织造型二

取出三束头发，第一节的操作按三手正辫。

从编织第二节开始，从发辫的一侧加入发束。

继续编织并加入发束。

以同样方法完成整条发辫的编结。

发辫完成后效果。

左侧以同样方法编织发辫。

将剩余发尾编织后的背面效果。

正面效果。

侧面效果。

3. 三股辫的编织造型三

取三束头发，第一节按三手反辫操作，从第二节开始两侧分别加发束编织三手反辫。

左右两侧继续加发束编织。

以同样方法完成整条发辫的编结。

发辫完成后侧面效果。

任务评价

评价内容	评价方式			评价结果
	自评（20%）	互评（20%）	师评（60%）	
编法是否正确	□优□良□中□差	□优□良□中□差	□优□良□中□差	综合评价 □优□良□中□差
发片厚薄均匀	□优□良□中□差	□优□良□中□差	□优□良□中□差	
发辫是否饱满	□优□良□中□差	□优□良□中□差	□优□良□中□差	提升建议
纹理是否光洁	□优□良□中□差	□优□良□中□差	□优□良□中□差	

任务3 四股辫的编织造型

任务描述 / 四股辫的编织造型
用具准备 / 假人头、尖尾梳、皮筋、发夹等
场　　地 / 实训室
技能要求 / 能运用四股辫编织方法进行发辫造型

知识准备　四股辫的概念及特点

概念　四股辫就是把四束头发进行编织。其手法以两股辫为基础，对发束进行卷搓后，再交叉环绕编织。

特点　四股辫一般以圆辫编织方法为主。

实践操作　四股辫的编织造型

1. 四股辫的编织造型一

并排分出四股发束，分别命名“1”、“2”、“3”、“4”。

从左向右，“1”压“2”，接下来，“3”压“1”。

再接下来“1”压“4”，完成第一轮的操作。

继续重复第一步到第三步的操作。

继续编结直至完成整条发辫。

2. 四股辫的编织造型二——四股双边圆辫

从第二节开始两侧分别加发编织四手圆辫。

左右两侧继续加发束编织，加发分别加在“1”和“4”上。

以同样的方法完成整条发辫的编结。

发辫完成后侧面效果。

背面效果。

任务评价

评价内容	评价方式			评价结果
	自评（20%）	互评（20%）	师评（60%）	
四股辫编法是否正确	□优□良□中□差	□优□良□中□差	□优□良□中□差	综合评价 □优□良□中□差
四股双边圆辫编法是否正确	□优□良□中□差	□优□良□中□差	□优□良□中□差	
发片厚薄均匀	□优□良□中□差	□优□良□中□差	□优□良□中□差	提升建议
发辫是否饱满	□优□良□中□差	□优□良□中□差	□优□良□中□差	
纹理是否光洁	□优□良□中□差	□优□良□中□差	□优□良□中□差	

多股辫的编织造型

任务描述 / 多股辫的编织造型
用具准备 / 假人头、尖尾梳、皮筋、发夹等
场　　地 / 实训室
技能要求 / 能运用多股辫编织方法进行发辫造型

知识准备　多股辫的概念及分类

概念　多股辫是分出多束发束进行编结的一种造型。一般5束以上的头发进行编织就称为多手辫。

分类　多股辫有多种式样，其中以五手辫最为常见。

实践操作　多股辫的编织造型

1. 多股辫的编织造型一 ——五手辫

并排分出5束头发，分别从左至右命名为"1"、"2"、"3"、"4"、"5"。

从左向右编织"1"压"2"。

“3”压“1”，“1”压“4”。

“5”压“1”。

“1”压“2”，“3”压“1”，“1”压“4”，“5”压“1”，继续操作直至整条发辫完成。

造型效果。

2. 多股辫的编织造型二 ——鱼骨辫

分出两束发束，并用双手拇指挑出小发束。

将两条小发束在大发束交叉后分别拉向两侧。

小发束同样交叉。

小发束与大发束同方向分别合并。

在合并的两束发束中用双手再挑出小发束。

将小发束向中间交叉编结。

将交叉后的小发束与同方向的发束分别合并。

以同样的方法完成整体发辫的编结。

3. 多股辫的编织造型三 ——八股辫

分出八束发条。

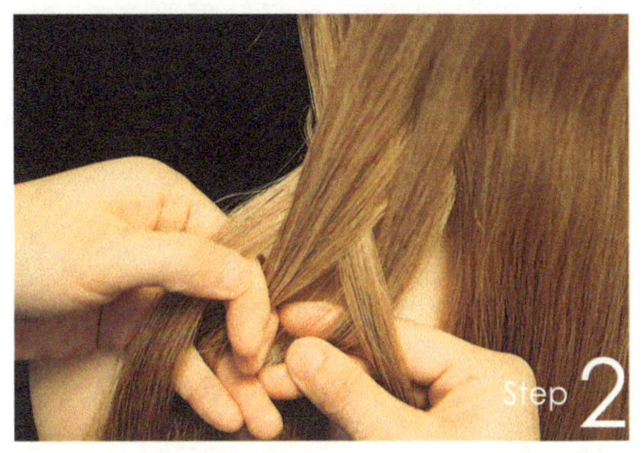

从左向右，先编结四手辫。

将头发一上一下穿过其余的头发，完成第一、第二圈发条编织。

继续从左边开始编织第三圈的发束。

一层层向下编结发束。

完成发辫造型。

任务评价

评价内容	评价方式			评价结果
	自评（20%）	互评（20%）	师评（60%）	
五手辫编法是否正确	□优□良□中□差	□优□良□中□差	□优□良□中□差	综合评价 □优□良□中□差
鱼骨辫辫法是否正确	□优□良□中□差	□优□良□中□差	□优□良□中□差	
发片厚薄均匀	□优□良□中□差	□优□良□中□差	□优□良□中□差	提升建议
发辫是否饱满	□优□良□中□差	□优□良□中□差	□优□良□中□差	
纹理是否光洁	□优□良□中□差	□优□良□中□差	□优□良□中□差	

发辫的组合造型

任务描述 / 发辫的组合造型

用具准备 / 假人头、尖尾梳、皮筋、发夹等

场　　地 / 实训室

技能要求 / 能运用发辫组合方法进行发辫造型

知识准备　发辫的组合造型概念

概念　发辫的组合造型是指结合、协调不同的编织手法，完成对发型的创作。

实践操作　发辫的组合造型

发辫编结的造型，关键在于不同编发手法的合理搭配。两股单辫与四股辫编结手法的结合，可以使造型更加委婉妩媚，楚楚动人。

原型。

分区左侧示意图。

分区后部示意图。

分区右侧示意图。

从左侧区分出两束头发，编结两手蜈蚣单辫。

每编一股从侧边加一股头发进行编织。

编扭直至整条发辫完成。

将发尾做内卷。

做成发髻后，下夹固定在后脑部的右上方。

从右侧区分出两束头发编结两手蜈蚣单辫。

继续编结至整条发辫结束。

完成后的发辫在原来的发髻上盘绕下夹固定。

将剩余的头发分为四束，编结四手辫。

将四手辫拉花。

将拉花辫后，发尾内卷，调整形状。

下夹固定后，调整纹理。

头饰点缀。

完成效果图。

任务评价

评价内容	评价方式			评价结果
	自评（20%）	互评（20%）	师评（60%）	
发辫组合发型是否正确	□优□良□中□差	□优□良□中□差	□优□良□中□差	综合评价 □优□良□中□差
发片厚薄均匀	□优□良□中□差	□优□良□中□差	□优□良□中□差	
发辫是否饱满	□优□良□中□差	□优□良□中□差	□优□良□中□差	提升建议
纹理是否光洁	□优□良□中□差	□优□良□中□差	□优□良□中□差	

案例分析

图3-5-1

此款发型选用三股花辫，蕾丝与荷叶边是这款发辫的灵感源头，动感的荷叶边诠释着女性的娇美，蓬松的编发与细致的三股辫结合，动感中透出妩媚的一面。颜色的大胆运用，发饰、服饰与整个发型相得益彰、遥相呼应将整个造型表现得无与伦比，娇媚中透出高贵与华丽之感（如图3-5-1所示）。

图3-5-2

此款盘发在运用发辫编织时针对头型和脸型的不足进行灵活的调整和弥补，编织时利用发量的多少来进行松紧的调节，以达到更完美的纠正效果。发色选用蓝色来突出纹理效果，头饰的使用与服饰统一协调使这款发辫盘发凸显女性活泼、可爱、又不失女人味（如图3-5-2所示）。

综合运用

造型要求

根据模特的脸型、气质以及所学的发辫技术等打造一款适合发型。

操作要点

① 发型要注重发辫技术的刻画，将发辫技法与发卷技术以及扎束技法巧妙运用到发型造型中去，纹理光滑、细腻，金色的发色与发饰、服饰搭配显得富丽堂皇；

② 妆面要与发型效果搭配；

③ 服饰和发饰的选择风格要统一，主题要相同。

图3-5-3

造型分析

此款造型以发辫技法为主体，搭配发卷、波纹技法，再通过编发中点缀上细珠这样的元素头饰、挑染的纹理更好地映衬出精致的编织与发卷、波纹完美结合，使整个盘发造型呈现优雅唯美、时尚、充满个性的感觉（如图3-5-3所示）。

单元回顾

本单元主要介绍了两股辫、三股辫、四股辫、多股辫的概念及分类，并从造型上介绍了两股辫、三股辫、四股辫、多股辫的编织技巧，通过对基础知识的学习，完成以下任务。

1. 收集有关资料，结合本单元所学内容进行分析整合，设计完成一款发辫。
2. 分清楚各种发辫造型之间的区别及相同点。
3. 分组检查讨论发辫造型作业。
4. 交流学习收获和体会。

单元练习

一、判断题

1. 发辫就是将发片分成两股或两股以上按一定反压编成带状物。 (　　)
2. 两股辫将发片分成两股按顺时针方向和逆时针方向进行卷搓。 (　　)
3. 精湛三股辫技术，可以创造出无穷无尽的发型。 (　　)
4. 一般三束以上的头发进行编织就成为多股辫。 (　　)
5. 多股辫一般适用于头发较短的女性。 (　　)
6. 多股辫对于发量多的女性，有着意想不到的效果。 (　　)
7. 三股辫是最常见的一种编发手法。 (　　)
8. 两股辫称为绳形马尾辫。 (　　)
9. 两股辫自然手法简单，但却是编发中最为基础的技术。 (　　)
10. 选用合适的发饰品保持编结松紧。 (　　)

二、选择题

1. 三股辫造型简单大方、__________。

   A. 立体饱满　　B. 美观　　C. 精致

2. 三股辫通常可为正辫，反辫和__________三种。

   A. 长辫　　B. 圆辫　　C. 方辫

3. 多股辫一般以__________编织方法为主。

A．长辫　　　　B．圆辫　　　　C．方辫

4．大块面的选用多股辫手法发型＿＿＿＿＿＿、大方随性，简单中透着妩媚。

A．自然流畅　　　　B．精致　　　　C．高雅

5．多股辫以＿＿＿＿＿＿最为常见。

A．三股　　　　B．四股　　　　C．五股

6．在接发辫前应选择合适的发量与＿＿＿＿＿＿。

A．长度　　　　B．颜色　　　　C．形状

7．发辫的松紧适宜根据＿＿＿＿＿＿的特殊需要调整。

A．长度　　　　B．造型　　　　C．发量

8．在两股辫编织过程中有规律地加上缎带能有效地体现出编发的＿＿＿＿＿＿。

A．纹理　　　　B．造型　　　　C．块面

9．＿＿＿＿＿＿手法较常见。

A．两股辫　　　　B．三股辫　　　　C．多股辫

10．两股辫与＿＿＿＿＿＿的结合，可以使造型更加的委婉妩媚，气质非凡。

A．两股辫　　　　B．三股辫　　　　C．多股辫

单元 4

发髻造型

知识目标

- 掌握扎髻方法
- 掌握包髻方法
- 掌握扎、包混合髻方法

能力目标

- 能运用扎髻技法进行发髻造型
- 能运用包髻技法进行发髻造型
- 能运用扎、包混合髻技法进行发髻造型

素质目标

- 提高与人交流、与人合作、解决问题、灵活运用能力
- 熟练掌握扎髻方法，包髻方法，扎、包混合髻方法，并能举一反三

扎髻方法

任务描述 / 梳理扎髻的方法

用具准备 / 假人头、尖尾梳、皮筋、发夹、喷发胶

场　　地 / 实训室

技能要求 / 能运用扎髻技法进行发髻造型

知识准备　发髻的概念、分类以及扎髻的分类

发髻概念　利用盘发的各种技法，将头发集中或堆砌到某个部位上所表现出的形状。

发髻分类　扎髻；包髻；扎、包混合髻。

扎髻概念　它是指用皮筋或发绳将所有或部分头发扎在某个部位上，然后在扎好的头发上造型。

扎髻分类　扎髻可分为高、中、低三种。

高髻　位于头顶部，与下颏成一条约 45° 斜直线（如图 4-1-1 所示）。

特点　能凸显女性的挺拔与秀丽。

中髻　位于头顶部与枕骨之间（如图4-1-2所示）。

特点　能显现女性的成熟与稳健，并且可以弥补后枕骨扁平的不足之处。

低髻　位于枕骨下方（如图4-1-3所示）。

特点　能显现女性的沉稳与干练。

图 4-1-1

图 4-1-2

图 4-1-3

实践操作　扎髻的操作方法

扎高位马尾，将马尾分成五份。

取发片做变形卷。

取发片做站立卷。

将后侧发片交叉做发卷。

戴上饰品，完成整体造型。

任务评价

评价内容	评价方式			评价结果
	自评（20%）	互评（20%）	师评（60%）	
是否能准确扎高位马尾	□优□良□中□差	□优□良□中□差	□优□良□中□差	综合评价 □优□良□中□差
是否能准确做竖卷、变形卷	□优□良□中□差	□优□良□中□差	□优□良□中□差	
是否能扎高髻、中髻、低髻	□优□良□中□差	□优□良□中□差	□优□良□中□差	
发髻是否饱满	□优□良□中□差	□优□良□中□差	□优□良□中□差	提升建议
纹丝是否光洁	□优□良□中□差	□优□良□中□差	□优□良□中□差	

图 4-1-4

此款发型选用高髻，发尾采用发卷技法处理，用以蝴蝶型的可爱头饰和童话式刘海以突出新娘可爱，使整个发型简洁，将新娘清新、甜美的特点表现得淋漓尽致（如图4-1-4所示）。

图 4-1-5

此款发型亮点采用高髻，发尾运用发卷技法，刘海多层次波纹并用发色来点缀，使整个发型色彩丰富、纹理光滑、形状优美、线条流畅尽显雅致、高贵、妩媚之感（如图4-1-5所示）。

综合运用

造型要求

根据模特的脸型、气质以及所学的发髻技法等打造一款适合她的发型。

操作要点

① 发型要注重发髻技法的刻画，在头部分别运用不对称的高髻、低髻，将发尾采用变化多端的发卷技法来设计发型，颜色的巧妙运用与白色珠状富有动感的头饰点缀其中若隐若现，使整个发型具有跌宕起伏、变化多端、惟妙惟肖之感；

② 妆面要与发型效果搭配；

③ 服饰和发饰的选择风格要统一，主题要相同。

图 4-1-6

造型分析

此款造型以发髻技法为主体，高低呼应，搭配不对称的发卷以强调挺拔与秀丽、沉稳与干练的特点，再通过发色、头饰、饰品等装饰点缀，使整个发型呈现高雅、娴熟的感觉（如图4-1-6所示）。

包髻方法

任务描述 / 梳理包髻的方法

用具准备 / 假人头、尖尾梳、皮筋、发夹、喷发胶

场　　地 / 实训室

技能要求 / 能运用包髻技法进行发髻造型

知识准备　包髻的概念、特点及分类

概念　包髻指将头发的内侧倒梳，使之蓬松，再把头发的表面梳光将其卷成所需要的形状。

特点　显现女性的高贵与典雅。

分类　一边拧包、二边拧包、交叉包等。

实践操作　包髻造型

1. 一边拧包

沿两耳将头发分成前后两区。

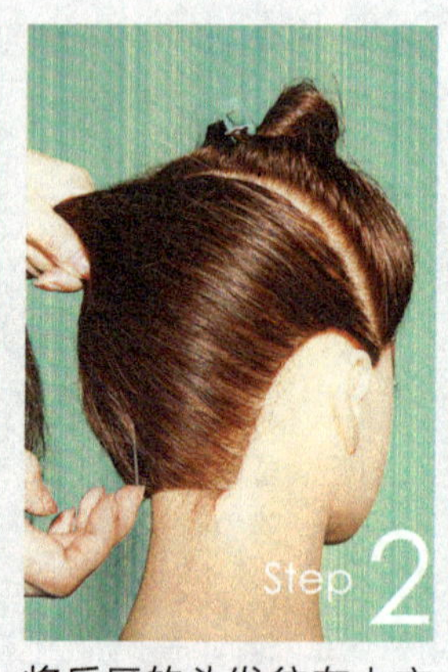

将后区的头发往左上方梳理。

用发夹把后侧头发固定。

沿发夹处把头发打毛。

将后区头发往右上方梳理。

后侧头发梳理光滑拧转。

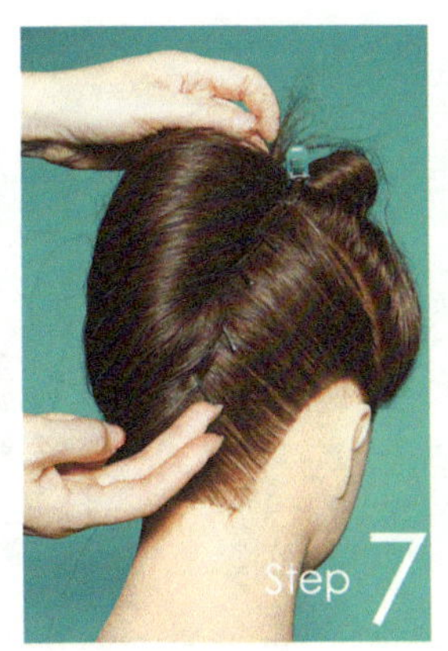

用发夹把完成的拧包固定。

完成一边拧包的效果。

2. 二边拧包

沿两耳将头发分成前后两区。

将后区的头发，沿中线分成两部分。

先将右侧的头发做一边拧包。

再将左侧的头发同样做一边拧包。

完成二边拧包的效果。

3. 交叉包

沿两耳将头发分成前后两区，后区头发分成左、中、右三部分。

中间头发扎马尾。

取右侧头发的发片做拧包。

取左侧头发的发片做拧包。

完成的效果图。

任务评价

评价内容	评价方式			评价结果
	自评（20%）	互评（20%）	师评（60%）	
是否能准确一边拧包	□优□良□中□差	□优□良□中□差	□优□良□中□差	综合评价 □优□良□中□差
是否能准确二边拧包	□优□良□中□差	□优□良□中□差	□优□良□中□差	
是否能准确做交叉包	□优□良□中□差	□优□良□中□差	□优□良□中□差	
拧包是否饱满有弧形感	□优□良□中□差	□优□良□中□差	□优□良□中□差	提升建议
发丝是否光洁	□优□良□中□差	□优□良□中□差	□优□良□中□差	

图 4-2-1

此款盘发造型后侧采用一边拧包的手法，盘发效果犹如点点星光耀眼，高耸的发髻是无数的期盼，变换的发额是在循规蹈矩间的蜕变，金色花卉型的头饰运用，使整个发型富丽堂皇，充满贵气之感，如图4-2-1所示。

图 4-2-2

此款盘发造型用扭转的手法，将发丝固定，后发的两边拧包技法合理运用，将发尾选择波纹技法，头发纹理流畅、一气呵成，加以耀眼羽毛头饰，使整个发型在盘发的高贵基础上，塑造更多的美感，从内而外地散发庄重迷人的气息，如图4-2-2所示。

综合运用

造型要求

根据模特的脸型、气质以及所学的包法技法等打造一款适合她的发型。

操作要点

① 发型要注重包法技法刻画，斜向一侧的刘海运用包法与侧发自然衔接，发型造型偏向一侧，顶部运用玫瑰卷技法与侧发、刘海浑然一体，另一侧用发饰来完善造型；

② 妆面要与发型效果搭配；

③ 服饰和发饰的选择风格要统一，主题要相同。

图 4-2-3

造型分析

此款造型以包法技法为主体，搭配不对称的玫瑰卷，额前刘海运用包发技法，精致的钻饰点缀其中，清晰的纹理中，突出一丝柔美。整个发型极具古典韵味，发鬟高耸盘旋而上，在知性中展现高贵的一面，时尚与文化撞击的火花、强烈的复古风迎面袭来，如图4-2-3所示。

扎、包混合髻方法

任务描述 / 梳理扎、包混合髻的方法

用具准备 / 假人头、尖尾梳、皮筋、发夹、喷发胶

场　　地 / 实训室

技能要求 / 能运用扎、包混合髻技法进行发髻造型

知识准备　扎、包混合髻概念

概念　扎、包混合髻指将扎髻、包髻运用到同一款盘发造型中，在发型设计中非常巧妙、恰当组合在一起，较完美地体现造型。

实践操作　扎、包混合髻造型

将头发分区。

顶部的头发扎马尾，发片由后往前做斜卷。

刘海的头发做发环，用发夹固定。

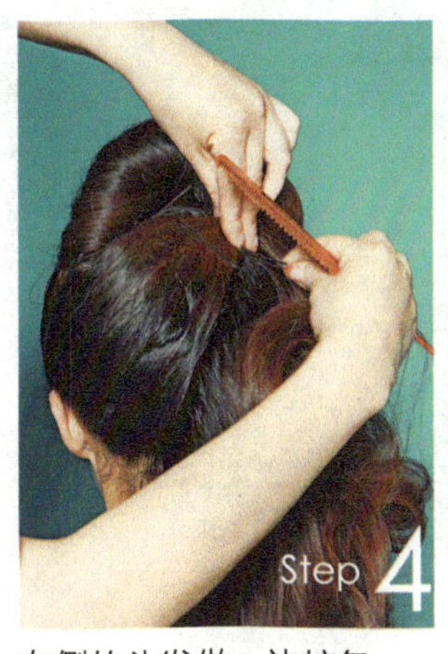

左侧的头发做一边拧包。

右侧的头发做一边拧包。

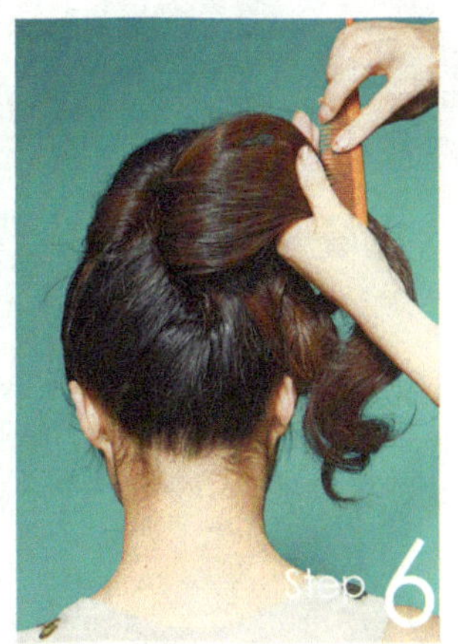

把发尾做波纹。

完成的效果图。

任务评价

评价内容	评价方式			评价结果
	自评（20%）	互评（20%）	师评（60%）	
是否能将刘海做发环	□优□良□中□差	□优□良□中□差	□优□良□中□差	综合评价 □优□良□中□差
是否能将发片做斜卷	□优□良□中□差	□优□良□中□差	□优□良□中□差	
是否能将发片做一边拧包	□优□良□中□差	□优□良□中□差	□优□良□中□差	
是否能将发尾做波纹	□优□良□中□差	□优□良□中□差	□优□良□中□差	提升建议
发包是否饱满	□优□良□中□差	□优□良□中□差	□优□良□中□差	
发丝是否光洁	□优□良□中□差	□优□良□中□差	□优□良□中□差	

案例分析

图 4-3-1

此款盘发铜色优雅的波浪是一大亮点，在发型表面轻轻带来几丝的蓬松，让造型更突出质感，发色更显活泼。发饰运用得当，此款发型注重整体的唯美感，适合气质优雅的女孩，在聚会和正式场合都是不错的选择（如图4-3-1所示）。

图 4-3-2

此款盘发将顶部头发扎起，后侧头发分别由下至上做从左至右、从右至左的拧包，配以鲜艳的羽毛头饰，这个盘发给人温婉柔美的感觉，高耸的发髻与优雅曲线的完美结合，在隆重场合展现高贵的个人气质（如图4-3-2所示）。

综合运用

造型要求

根据模特的脸型、气质以及所学扎、包髻混合技法等打造一款适合发型。

操作要点

① 发型要注重扎、包髻混合技法的刻画，刘海采用玫瑰卷的技法，顶部头发扎起，后侧头发做拧包，用蓝色勾勒出发型的层次突出造型，头发纹理光滑，发饰用来完善造型，服饰与发饰、发色交相辉映；

② 妆面要与发型效果搭配；

③ 服饰和发饰的选择风格要统一，主题要相同。

图 4-3-3

造型分析

此款造型以扎、包髻混合技法为主体，搭配额前的玫瑰卷，刘海的设计非常的知性有女人味，再通过发射状的头饰、简约的服饰装饰点缀，使整个发型诠释女人的精致之处、女人味气场十足，如图4-3-3所示。

单元回顾

本单元主要介绍了包髻的概念、分类，其中重点介绍了扎髻的概念及分类。通过对基础知识的学习，完成以下任务。

1. 收集有关资料，结合本单元所学的内容，完成盘发扎、包髻造型。
2. 交流学习收获和体会。

单元练习

一、判断题

1. 发髻是指利用各种技法，将头发集中或堆砌到某个部位上所表现出来的形状。（　　）
2. 高髻能显现女性的成熟与稳重。（　　）
3. 中髻能显现女性的挺拔与秀丽。（　　）
4. 低髻能显现女性的沉稳与干练。（　　）
5. 包髻指头发外侧倒梳使其蓬松。（　　）
6. 色髻体现女性的高贵与典雅。（　　）
7. 扎、包混合髻指将扎髻、包髻运用到同一款盘发造型中。（　　）
8. 扎髻指用皮筋或发绳将所有或部分头发扎在某个部位上，然后在扎好的头发上造型。（　　）
9. 中髻能减少后枕骨突出的不足之处。（　　）
10. 包髻指把头发的表面打毛，将其卷成所需要的形状。（　　）

二、选择题

1. 发髻可分为扎髻，包髻，__________。

   A. 一边拧包　　B. 两边拧包　　C. 扎、包混合髻

2. 扎髻可分为高、中、__________。

   A. 低　　B. 向上　　C. 向下

3. 包髻可分为一边拧包、二边拧包、________。

A. 香蕉包　　B. 法式包　　C. 多重交叉包

4. 扎、包混合髻指将扎髻、________运用到同一款发式中。

A. 一边拧包　　B. 包髻　　C. 两边拧包

5. 高髻位于头顶部，与下颊成一条________的斜直线。

A. 15°　　B. 30°　　C. 45°

6. 中髻位于头顶部与________之间。

A. 颈部　　B. 枕骨　　C. 耳部

7. 一边拧包________用发夹固定发片。

A. 需要　　B. 无需　　C. 随便

8. 二边拧包________用发夹固定发片。

A. 需要　　B. 无需　　C. 随便

9. 高髻能显现女性的挺拔与________。

A. 秀丽　　B. 优雅　　C. 典雅

10. 包髻能显现女性的________与典雅。

A. 高贵　　B. 气质　　C. 优美

单元 5

盘发造型

知识目标

- 掌握盘发造型原理
- 掌握盘发造型分类
- 掌握盘发造型方法
- 掌握盘发造型发饰使用
- 掌握盘发造型假发使用

能力目标

- 会日常型盘发造型
- 会休闲型盘发造型
- 会婚礼型盘发造型
- 会晚宴型盘发造型
- 会比赛型盘发造型
- 会表演型盘发造型

素质目标

- 学生要掌握与人交流、与人合作、解决问题、灵活运用的能力
- 学生会根据场合不同选择不同类型的盘发造型

知识准备　盘发造型概念、特点及分类

1. 盘发造型的概念

盘发是指把头发收束起将其技巧地盘编在头上，用以装饰和美化发式的一种塑型技术。

盘发可以说是美发技术中具有较高技能水准的技艺，具有艺术感染力，美发师利用梳、削、扭、卷和堆砌环绕、编结打结等操作技法，将头发巧妙地盘结在一起，创造出典雅秀丽、多姿多彩的造型，在一定程度上充分体现了女性特有的魅力。

2. 盘发造型的特点

简便性　盘发的梳理不需要进行特殊的修剪和卷烫，只要在原有基础上加以修整即可成型。由于方法简单易行，受到广大女性的青睐。

高雅性　盘发造型华丽典雅与服饰搭配，形成人的整体美，具有一定的艺术感染力。特别是宴会盘发，主要采用发髻的变化来增加风采，在一定程度上反映出女性高雅的气质。

多样性　盘发是将发辫和发髻加以综合梳理而表现出来的形式。它反映了不同时期、不同地区的发型特点。各种盘发技法的组合运用使盘发造型千变万化、式样繁多、美不胜收。

广泛性　盘发可以根据人的年龄、喜好的不同达到不同的美化效果。此外，盘发还可以较好地弥补人的脸型、头型、体型等方面的不足。

3. 盘发造型的分类

盘发造型历史悠久，每个历史重大变革时期，随着人们的审美意识和物质生活的变化，在实践中创造出了实用美观、式样繁多、风格各异的盘发艺术造型。盘发造型丰富了人们精神生活，也提高了社会发展中的文明，充分体现了劳动者的无穷智慧和才能。但人们并不满足于式样繁多的盘发造型艺术，还在千方百计地发展它。盘发造型的发展首先最需要的是深入了解和掌握盘发造型的类型和各类型的要求。这样才能在设计时有的放矢，达到事半功倍的效果。盘发造型分类很多，归纳起来大概可分两大类：一是历史阶段分类，二是场合分类。

（1）历史阶段分类

历史阶段分类可分为古典类型、传统类型、现代类型三种。

古典类型 古典类型基本是指唐、宋、元、明、清时代所盛行的发型。如云髻、朝天髻、牡丹头、同心髻等。由于时代的变迁，这些当初所流行的发型并没有流传到现在，古典类型只能在演艺舞台上才能出现，给人高雅富贵、华美秀丽的视觉美感。由于盘发造型多显现于宫廷内部，故称为古典发型。它是劳动者智慧的结晶，是民族特色发型的瑰宝，更是后来盘发造型发展史上的奠基石（如图5-0-1～图5-0-3 所示）。

传统类型 传统盘发基本上是从1919年到1976年这一历史阶段流行的盘发造型。自1926年烫发技术传入中国，从此盘发造型又增添了新的内容。如单波型、花蕾型、波浪型等。虽然传统盘发和古典盘发有了质的变化，但也不失庄重、文雅、高贵大方的美感，所以有的发型保留下来和现今的发型融为了一体（如图5-0-4～图5-0-6所示）。

现代类型 现代盘发又称时尚盘发，是起于1978年改革开放后至今在社会上广泛流行的发型，现代盘发保留了传统烫发和直发的盘发，在这基础上还增加了各种染发、固发的新材料和新技法，使现代盘发造型千变万化、不拘一格，既保持了庄重、高雅、大方的特点，又增添了轻松活泼、自由浪漫之风，所以说，现代盘发和传统盘发的区别，只是一个时间性的差别（如图 5-0-7～图5-0-9所示）。

图 5-0-1

图 5-0-2

图 5-0-3

图 5-0-4

图 5-0-5

图 5-0-6

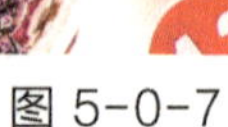

图 5-0-7

图 5-0-8

图 5-0-9

（2）场合分类

场合分类可分为日常型、休闲型、婚礼型、晚宴型、比赛型、表演型六种类型。

4. 盘发技巧在整体造型中的运用

发型与脸形的配合是盘发的技巧，关键是对前额和两侧部分头发的处理。一般有以下三种方法。

遮盖法　遮盖法是利用头发组合成适当的发型来弥补脸形上的不足，如用刘海来遮盖发际线过高的前额，用高刘海来使圆形脸显出椭圆形，用蓬松的梳理手法来遮盖两侧过宽的额角，就可以将视觉形象突出部分的发型适当修饰，以达到掩盖不足的目的。

填充法 填充法是指借助假发、头发或某些装饰物来弥补头形和脸形的不足，如后脑勺偏平，可将后部头发梳理蓬松、梳个发髻或加发夹之类的装饰物，这些方法运用得当都可起到填充作用。

衬托法 衬托法主要是将前额和两侧头发梳蓬松些，以此来弥补脸形的不足之处，如脸形过长，可将两侧头发梳蓬松来衬托，使脸形变圆；脖颈过长，可用中长而蓬松的头发来衬托，分散人们对脖颈的注意力。

以上三种处理方法相辅相成，并不是彼此孤立的。同时，要考虑到顾客的年龄、职业、性格、爱好等多方面的因素，灵活掌握才能使发型生动流畅，产生美的效果，具体应该用哪种方法，没有统一的规定，应以脸型、头形与发型相称为标准。

盘发能凸显脸部的特征，脸型对盘发效果相当重要。

圆型脸 将四周头发集中到头顶造型，做出高的发髻，为了产生拉长脸型的效果，两侧可留下发束遮盖脸型，不宜留刘海。

长脸型 发型尽量往两边做，不能做得过高。刘海三七分，或大偏分前额留出自然的刘海。

倒三角型脸 发型尽量往两边做，不能做得过高，利用宽大的刘海遮住宽大的额头。

高颧骨型脸 侧发区一定要做得饱满。留自然刘海。

方脸 刘海儿最关键，最好是在额角两侧分出细细的两绺垂在脸侧，缓和有棱角的方线条。

5. 盘发饰物的选配

饰物是作为点缀或衬托发型的各类装饰物件，在盘发造型中，巧妙地运用饰物可使发型“锦上添花”，但若选配不当则会“画蛇添足”。因此，要想更好地学习盘发造型，了解一些有关饰物选配知识及掌握一些简单的饰物制作方法是非常有必要的。

（1）盘发饰物选配的原则和要求

头饰作为盘发的装饰物件，选配时必须遵循一定的原则和要求，讲究方法和技巧，这样，饰物与发型才能相得益彰，起到画龙点睛的作用。

符合发型的风格和特点 发型设计是一种创作，尤其是盘发造型，每一款盘发都具有自身的风格和特点，有其相适应的场合。头饰作为装饰物，不能随意添配，盲目乱插，必须根据发型的创作理念加以选配，否则会风马牛不相及。例如：中式新娘盘发，如插上素雅的白花或丝带就很不合适，应配些红花为宜；又如西式新娘盘发，一般不宜戴中式头花等饰物。

注重发型的效用和审美 在盘发造型中，饰物是整个发型的辅助部分，能突出和强调发型的整体美。古今中外都非常重视头饰在盘发中的装饰效果，因为在每个时期头饰都会随着发型的演变而创新，作为设计盘发的一个组成部分，饰物的选配必须符合审美的要求，款式过时、工艺粗糙的头饰不宜使用。在选配饰物时，切忌为装饰而装饰。

注重发型饰物的色彩搭配 色彩是发型饰物设计的要素之一。头饰的颜色如果与服装的颜色相同，容易呈现整体的协调，因为头发上的饰物颜色，与较大面积的服装颜色形成了一种色彩的呼应关系。另外运用色彩的对比方法，有时也能起到画龙点睛的作用。色彩的对比搭配可以是深浅搭配、冷暖搭配等。

（2）盘发饰物的种类

盘发饰物多种多样，根据饰物的质地不同可将各种饰物分成如下几类。

鲜花 人类从很早开始，就懂得用鲜花来装点自己，即使在当今，以花作头饰也别有一番情趣。在盘发造型中，以鲜花作头饰的典型代表就是新娘盘发。为了体现新娘的纯洁秀雅，烘托喜庆气氛，鲜花可选择玫瑰花、紫荆花、百合花、满天星等。插花的部位与发型的格调密切相关，一般可插在左侧或右侧（如图5-0-10所示）。

图 5-0-10

羽毛 羽毛也是盘发造型中不可缺少的饰物之一。羽毛的种类包括孔雀毛、公鸡毛、鹅毛等，同样的羽毛作为饰物，还可以根据发型需要选择不同形状，甚至可以染成所需要的颜色（如图5-0-11和图5-0-12所示）。

珍珠、钻饰 由于珍珠、钻饰的价格相对其他饰物而言是比较昂贵的，所以，在盘发中点缀此类饰物，能够突出发型的高贵、典雅，体现主人的身份与气质。在晚宴盘发中常用珍珠、钻饰来点缀，与身着的晚礼服交相辉映。在选配此类饰物时，一定要注意少而精，根据发型款式的需要选择不同形状的饰品。珍珠、钻饰的形状各式各样，有圆形、方形、三角形、树叶形等。颜色多以白、金、银三色为主（如图5-0-13和图5-0-14所示）。

图 5-0-11

图 5-0-12

图 5-0-13

图 5-0-14

颜色发条 在设计发型时，搭配颜色发条可使发型层次分明，增加发型的动感，在使用时，将颜色发条连接在真发片的表面或镶嵌在发片的边缘，借助卡子与发胶固定即可。颜色发条常用于发型表演或美发比赛中（如图5-0-15所示）。

植物 运用各种绿色树叶或枝条作为盘发的饰物，主要体现了作者的创作意图，突出了人与自然的和谐美感，并具有浓厚的环保意识。

仿真假发 仿真假发是近几年十分盛行的发饰，仿真假发是运用人造纤维或天然头发制成各种形状及不同发色的发束。将这种独特的饰物与盘好的发型，或与半成品的盘发造型有机地结合在一起，起到了以假乱真的效果（如图5-0-16所示）。

颜色发胶 使用各种颜色的发胶，会令发型的线条突出，更有层次感。在选择颜色时，生活盘发可用少许深色；表演盘发可用浅色或鲜艳的颜色。在操作时可将头发喷成单一的颜色效果和从浅到深的渐变效果。

在盘发造型中所运用的饰物，还有很多种，如彩色棉线、人造丝、金银铜等金属物。这些种类繁多的饰物选配大多来源于美发师的创作灵感及设计构思，当然一些比较抽象、怪异的饰物，一般都是用于发型表演或发型比赛中。

图 5-0-15

图 5-0-16

图 5-0-17

（3）盘发饰物的制作

在盘发造型中，饰物的点缀虽属辅助部分，但它能突出发型的风采及整体的风韵效果。饰物巧妙地运用，能起到画龙点睛的作用。然而，盘发中所见到的那些点睛之笔，形态各异的饰物，并不都是成品，很多都是由美发师自己精心制作而成的（如图5-0-17所示）。

作为一名合格的美发师，应该学会制作一些简单的饰物，根据发型的需要而特制出的饰物，才能充分表达出作者的设计意图，达到整体的和谐美。

饰物制作的方法主要有两种：一种是用钻制作的饰物，另一种是用头发制作的饰物，这两种方法当今比较常用，也很流行。

6. 盘发基础饰品佩戴技法

在发型设计中，发饰物是整体发式的辅助性部分，可以突出和强调发型的整体美，对于发饰物品的选用，关键在于恰到好处，点到即可，宜少不宜多，不能不分发型风格的乱戴，要达到既高雅又精美的效果。

（1）生活类

生活类发型有简练，朴实的特点，所以一般应该选择一些简单、素雅、不张扬的饰物，如发夹、发带、发插等，但由于人的脸形、身材、年龄及服饰色彩的不同，选择的发饰也就不同。儿童一般可选择一些颜色艳丽的发饰，以显示天真活泼；年轻人选配的发饰可少而艳；中年人选配的发饰要少而淡；老年人选配的发饰要少而暗，而且佩戴饰品的位置要偏低些。

（2）宴会类

宴会类发型属庄重、高雅的发型。头饰的选配不宜太艳，应以大方为主，以显风度高雅。

（3）舞会类

舞会类发型有唱歌发型和跳舞发型之分。前者可加用适量的花朵饰物、珠链、珠钗等较艳丽的发饰；后者因活动量可能较大，发饰应以缎带扎结为主，因扎结牢固性强，适宜强烈的活动。

（4）婚礼类

婚礼类发型高雅华贵，精细美观，选用的发饰不仅要显示艳丽、华贵、高雅，还要象征着吉祥。

（5）时尚类

时尚类发型前卫、独特，可做到与其他人不同，给人以新鲜感，在佩戴发饰时可以选用不按常规的佩戴方式。

盘发造型——日常型

任务描述 / 会两款日常型盘发造型
用具准备 / 假人头、尖尾梳、皮筋、发夹、发饰等
场　　地 / 实训室
技能要求 / 运用盘发技法进行日常型盘发造型

知识准备　日常型盘发概念及特点

概念　在工作学习中常梳理的盘发造型。

特点　工艺简单、形体随意、自然活泼，易打理，与其他发型融和不显奇特。容易梳理，简单、实用。日常盘发一般采用各种辫子盘绕成的发髻。此造型必须符合简单、大方、自然、亮丽与流行的原则，注意点、线、面的组合，尽量减少琐碎。

实践操作　日常型盘发造型的步骤与方法

1. 日常型盘发造型——二股缠绕

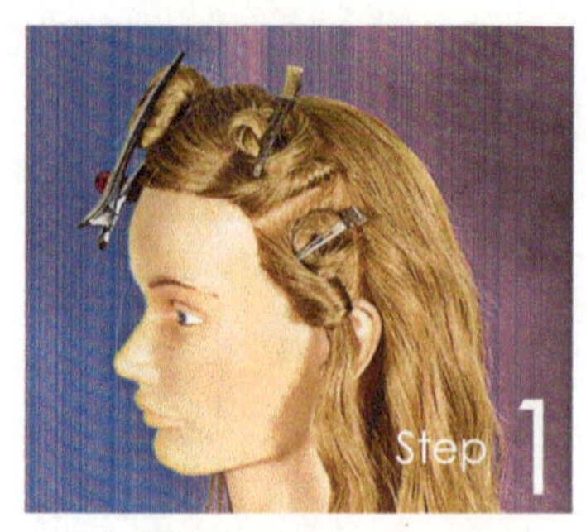

分区，如图所示。

将下边头发分成2份，“2”区头发形成发片交叉在“1”区上。

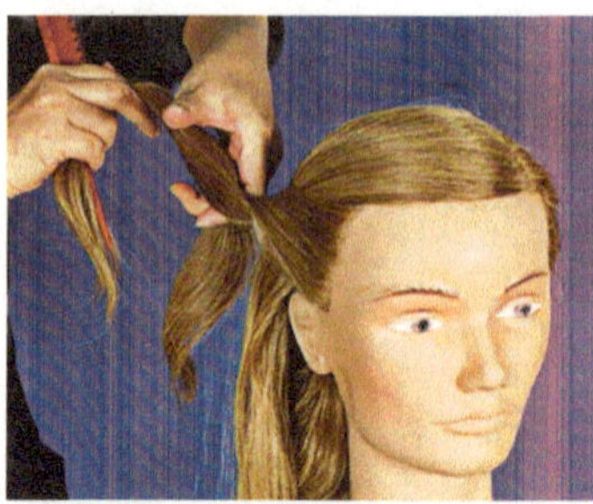

两束头发缠绕，再提拉“3”区头发绕在“1”区上，合并成一股。

再提拉“4”区头发绕在“2”区头发上，合并成一股。

依次类推，两股进行缠绕，将右边缠绕完成。

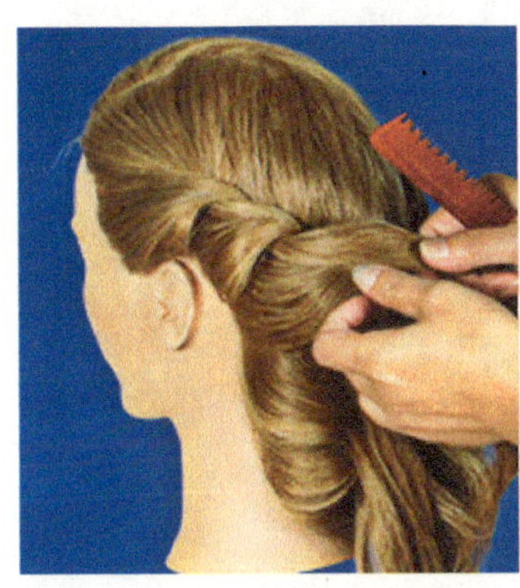

左边一股进行缠绕，方法同右边相同。

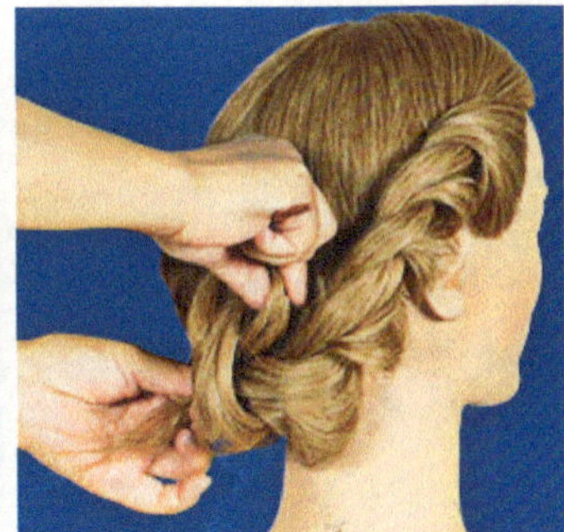

将左右两边剩余发尾两股缠绕后造型。

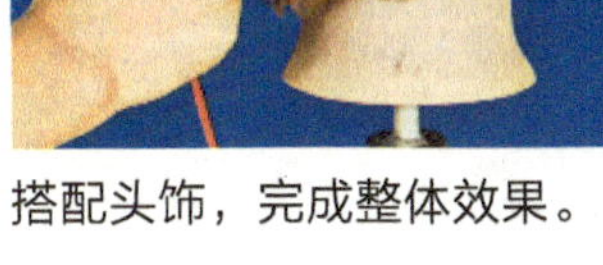

搭配头饰，完成整体效果。

搭配头饰，完成整体效果。

2. 日常型盘发造型——多次平包：形成“Z”字型

分区，如图所示。

“1”区头发倒梳，手指将头发固定在正中。用梳子在正中做头发转轴，梳子控制平包形线，平包在头顶下夹固定。

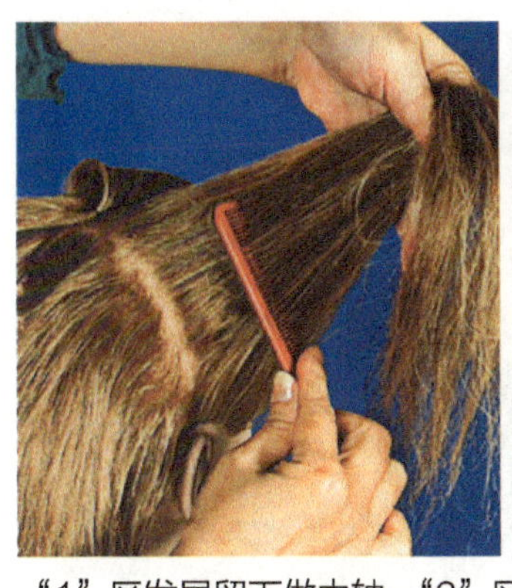
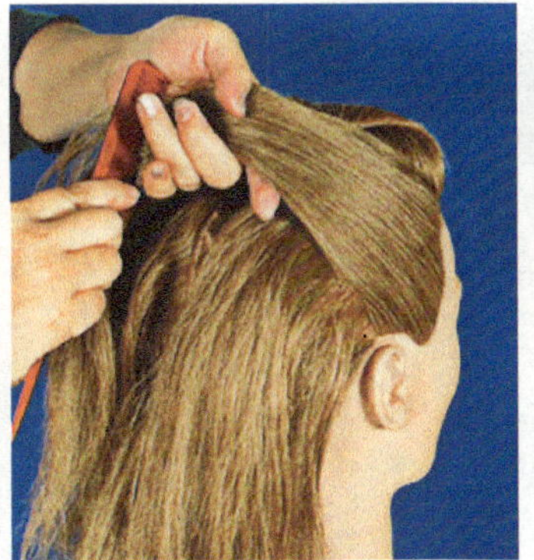

“1”区发尾留下做中轴。“2”区头发倒梳，向上提拉发片，梳通表面，梳子做转轴。

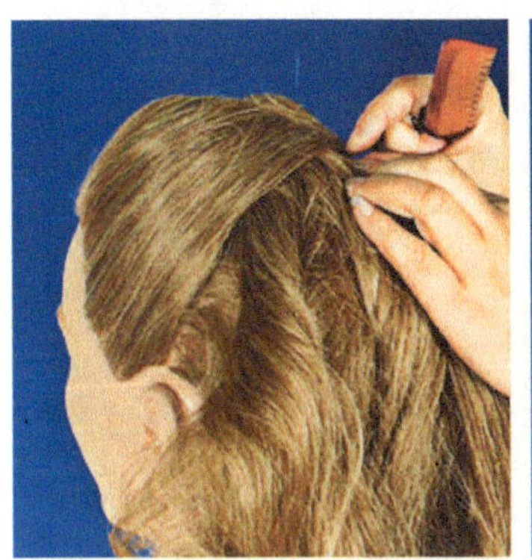
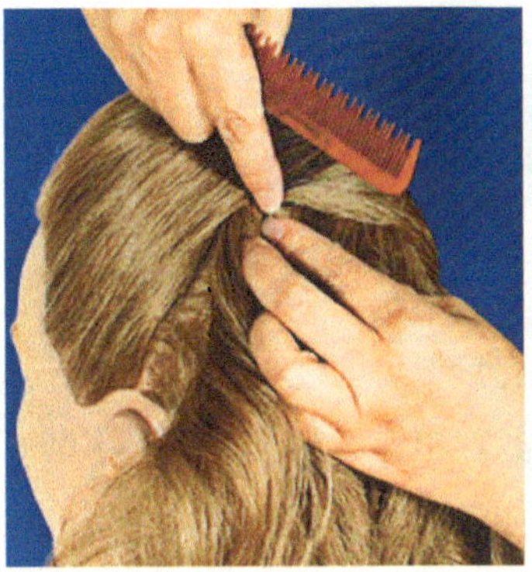

“3”区头发同“1”区相同，下夹固定。

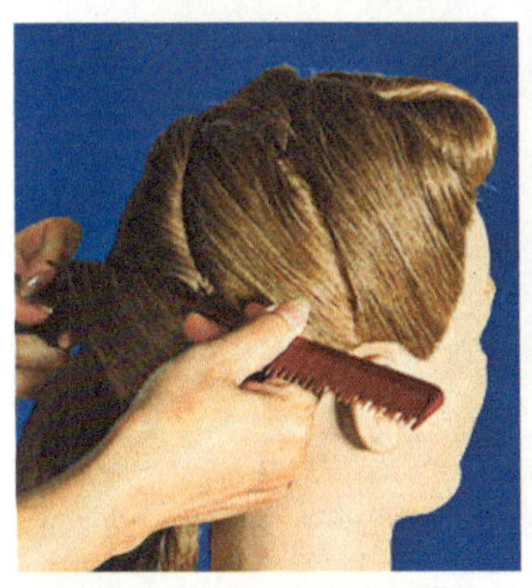
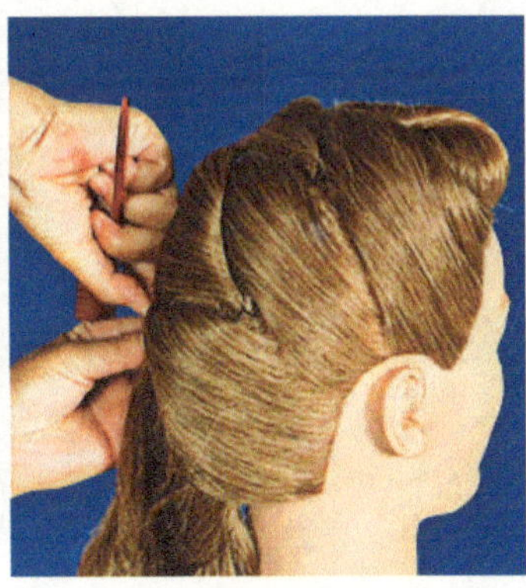

依次类推“4”区、“5”区、“6”区、“7”区同上做平包。

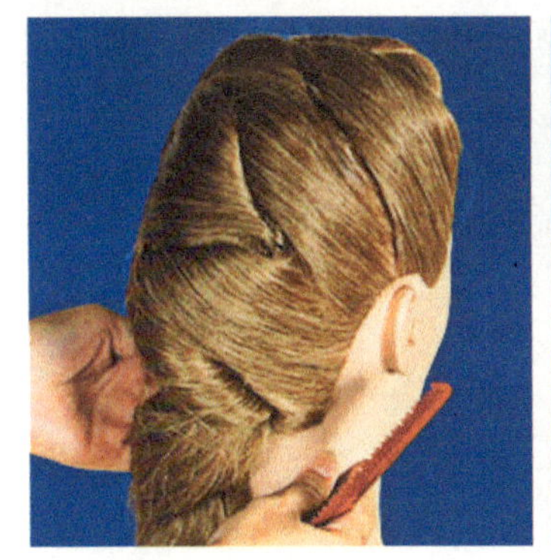
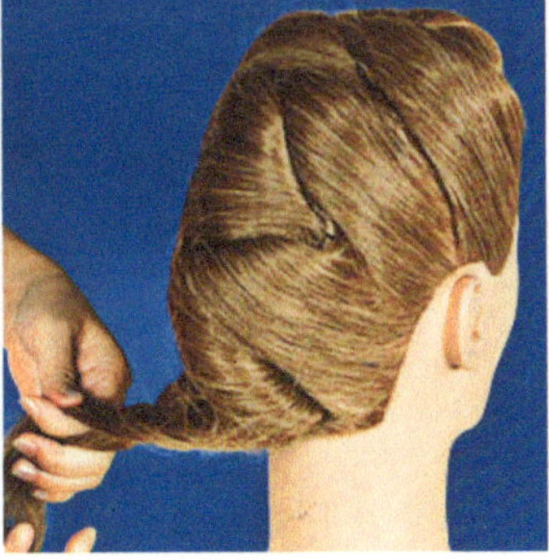

将发尾二股缠绕，将发尾造型。

搭配头饰，完成整体效果。

实践要求

发型一　日常型盘发造型——二股缠绕

斜向前分区，发型完成后缠绕有序，体现层次感。

发型二　日常型盘发造型——多次平包：形成“Z”字型

斜向分区，发型完成后分份线应遮盖，体现块面有序。

任务评价

评价内容	评价方式			评价结果
	自评（20%）	互评（20%）	师评（60%）	
分区，分份合理	□优□良□中□差	□优□良□中□差	□优□良□中□差	综合评价 □优□良□中□差
发型有层次，排列合理有序	□优□良□中□差	□优□良□中□差	□优□良□中□差	
发片具有光泽度，发丝梳光梳顺	□优□良□中□差	□优□良□中□差	□优□良□中□差	
区域之间自然衔接，不能露出分份线和钢夹	□优□良□中□差	□优□良□中□差	□优□良□中□差	提升建议
饰物点缀恰到好处	□优□良□中□差	□优□良□中□差	□优□良□中□差	

图 5-1-1

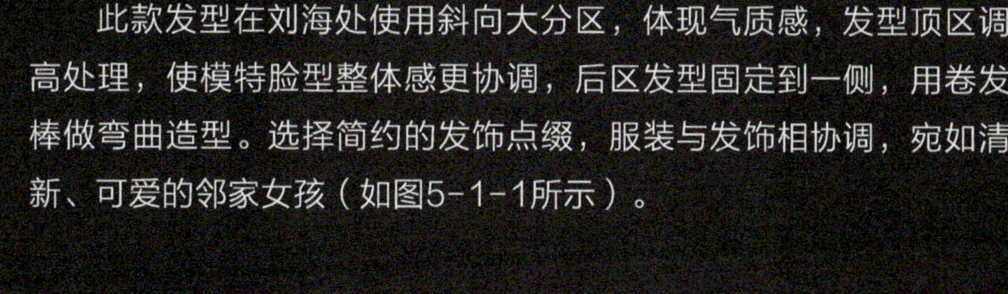

此款发型在刘海处使用斜向大分区，体现气质感，发型顶区调高处理，使模特脸型整体感更协调，后区发型固定到一侧，用卷发棒做弯曲造型。选择简约的发饰点缀，服装与发饰相协调，宛如清新、可爱的邻家女孩（如图5-1-1所示）。

图 5-1-2

此款发型容易梳理。简单、实用，顶发区倒梳整理成型，后发区运用电卷棒弯曲处理，自然垂落在肩，配以珍珠点缀，使整个发型简单、大方、自然、亮丽与流行相结合，以显高雅，活泼的风格（如图5-1-2所示）。

综合运用

造型要求

根据模特的脸型、气质等打造一款适合她的日常型盘发。

操作要点

① 发型要注重日常型盘发的刻画，将顶部头发扎起做竖卷，发尾打毛处理，后侧头发扎起偏向一侧，发尾做成自由式花卉造型，前额用染色发条做成刘海，选用合适的发饰完善造型；

② 妆面要与发型效果搭配；

③ 服饰和发饰的选择风格要统一，主题要相同。

图 5-1-3

造型分析

此款造型是灵活运用学过的盘发技法来设计的一款日常型盘发。盘发是属于女人的专利，它可以提升女性的气质感，生活发型中我们常常厌倦了一成不变的直发、卷发、短发。而盘发是在此基础上，运用一些简单的纹理造型，达到美化整体，精致细节的作用，在形象设计整体造型中，盘发起关键作用（如图5-1-3所示）。

盘发造型——休闲型

任务描述 / 会两款休闲型盘发造型

用具准备 / 假人头、尖尾梳、皮筋、发夹、发饰等

场　　地 / 实训室

技能要求 / 运用盘发技法进行休闲型盘发造型

知识准备　休闲型盘发的概念及特点

概念　休闲型盘发在场合上对比日常盘发有了不同，是在工作学习之外的发型，如探亲、访友、逛街和参加小型娱乐活动等场合。所以在化妆和服饰上也有了不同程度的讲究，为了配合整体效果，可在盘发造型中通过加强细节和运用少量的点缀物来表示。

特点　随意、简洁、大方，易于操作。

实践操作　休闲型盘发步骤与方法

1. 休闲型盘发——单髻

将头发分成2个区，2区头发分片均匀倒梳，将左边头发提升45°，梳子向上与头发梳理形成最低角度梳理。

手指向下将发片握着，梳子与头发形成最低角度梳理，发丝向上提升控制在后脑上。

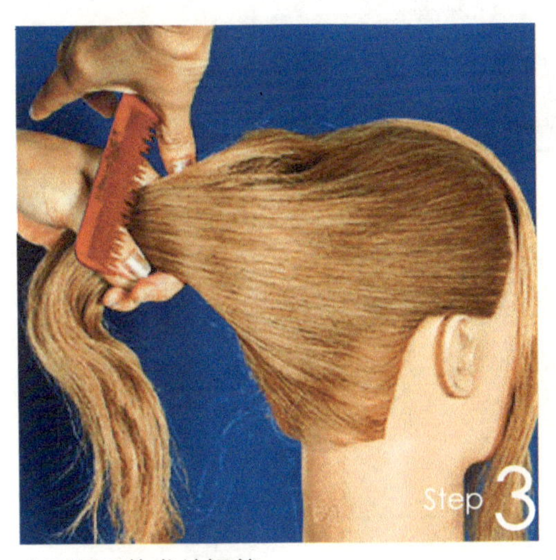

右手反手将发片握着。

右手反手旋转。

将发尾藏在发鬓中。

在转弯处下夹固定。

依次在形线下夹，形成椎体。

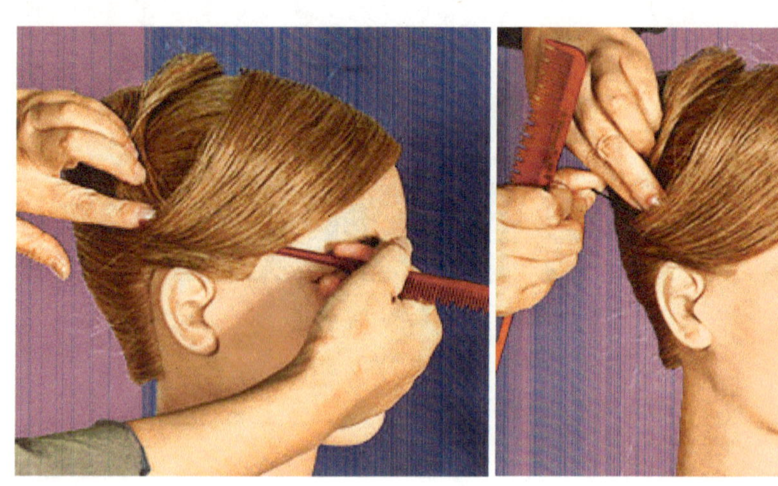

1区刘海造型。

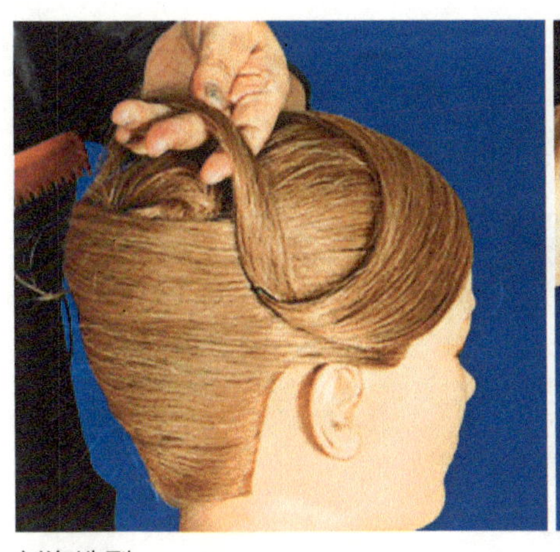

刘海造型。

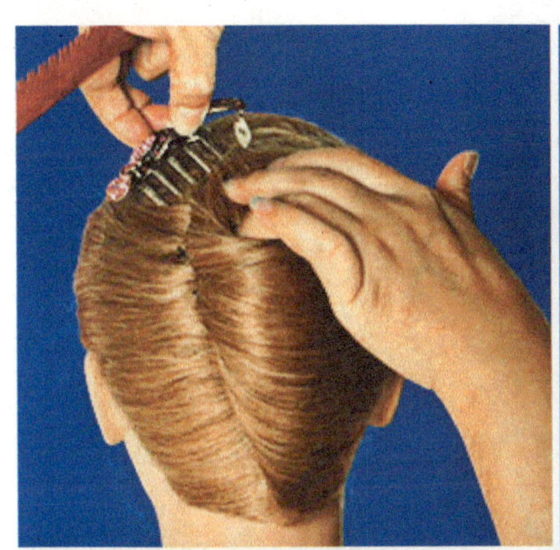

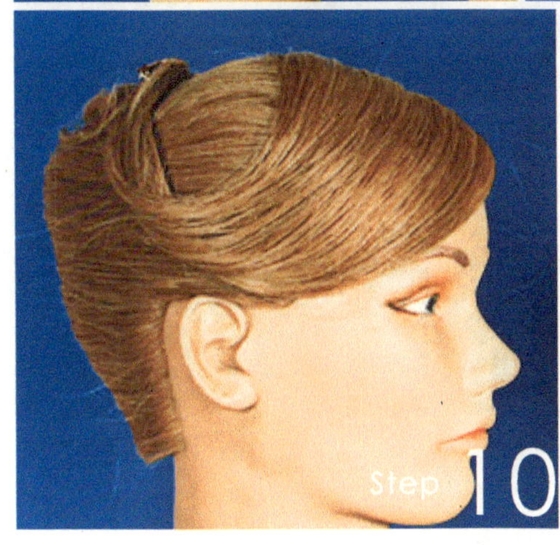

搭配头饰，完成整体效果。

2. 休闲型盘发——三股加辫

将头发分区，1区头发，挑一片发片分三束，进行三股辫，根据口诀“1”压“2”，“3”压“1”，加辫压“2”，“3”压“1”，反复辫，即可完成刘海区的三股加辫。

2区头发同上三股加辫，纹理线条要粗。

三股辫完成到发尾。

发尾造型固定。

搭配头饰，完成整体效果。

实践要求

发型一　休闲型盘发——单鬓

纹理线条清晰，轮廓弧度明显，体现锥体。

发型二　休闲型盘发——三股加辫

纹理线条清晰，随意自然，三股加辫分份均匀。

任务评价

<table>
<tr><th rowspan="2">评价内容</th><th colspan="3">评价方式</th><th rowspan="2">评价结果</th></tr>
<tr><th>自评（20%）</th><th>互评（20%）</th><th>师评（60%）</th></tr>
<tr><td>分区，分份合理</td><td>□优□良□中□差</td><td>□优□良□中□差</td><td>□优□良□中□差</td><td rowspan="3">综合评价
□优□良□中□差</td></tr>
<tr><td>发型有层次，排列合理有序</td><td>□优□良□中□差</td><td>□优□良□中□差</td><td>□优□良□中□差</td></tr>
<tr><td>发片具有光泽度，发丝梳光梳顺</td><td>□优□良□中□差</td><td>□优□良□中□差</td><td>□优□良□中□差</td></tr>
<tr><td>区域之间自然衔接，不能露出分份线和钢夹</td><td>□优□良□中□差</td><td>□优□良□中□差</td><td>□优□良□中□差</td><td rowspan="2">提升建议</td></tr>
<tr><td>饰物点缀恰到好处</td><td>□优□良□中□差</td><td>□优□良□中□差</td><td>□优□良□中□差</td></tr>
</table>

案例分析

图 5-2-1

此款发型取出刘海区域，其余发量做扎马尾处理，马尾需用卷发棒处理弯曲，整理出发丝的流向及光泽度，使后部头发起到整体抬高拉长脸型的作用（如图5-2-1所示）。

图 5-2-2

此款发型突出整体气质感，运用盘发、吹风及倒梳处理手法，将其处理的蓬松，凌乱，但不失整体协调，凸显简洁干练的风韵（如图5-2-2所示）。

综合运用

造型要求

根据模特的脸型、气质以及所学盘发技法等打造一款适合她的休闲型盘发造型。

操作要点

① 发型要注重休闲型盘发的刻画，将头发用电卷棒采用单卷法处理后，顶部头发扎起（没有刘海），根据造型需要把卷曲的发尾用发夹固定，后侧自然垂落；

② 妆面要与发型效果搭配；

③ 服装和发饰的选择风格要统一，主题要相同。

造型分析

此款造型以休闲型盘发为主体，突出休闲盘发应该尊重其随意性、简洁、大方、易于操作的特点。盘发是为了配合不同场合，不同造型需要，达到提升整体美感，气质感，美化生活的需要（如图5-2-3所示）。

图 5-2-3

盘发造型——婚礼型

任务描述 / 会两款婚礼型盘发造型
用具准备 / 假人头、尖尾梳、皮筋、发夹、发饰等
场　　地 / 实训室
技能要求 / 运用盘发技法进行婚礼型盘发造型

知识准备　婚礼型盘发的概念及特点

概念　婚礼盘发是为结婚这一特定场合所设计的发型。不但要梳理精细，还要有适合的高度，并且有把艳丽鲜花插于盘发造型的空间。整体发型完成后不但能显示出艺术块面的走向，而且能展示出头饰的靓丽，使两者相映生辉。从而在高雅妩媚的发型衬托下，充分烘托起隆重、欢快、如意的气氛。

特点　新娘盘发重在体现新娘的纯洁、秀雅，烘托新婚的喜庆气氛。由于新娘的服装大多是以西式的婚纱、中式的旗袍为主，因此，发型设计应与服装协调一致，要求线条明快，突出自然清丽，别致的个性，多以波纹、卷筒、发条等技法来表现，再衬以淡雅的婚纱、晶莹的头饰令新娘给人以可人清纯、俏丽甜美的感觉。

实践操作　婚礼型盘发的步骤与方法

1. 婚礼型盘发一

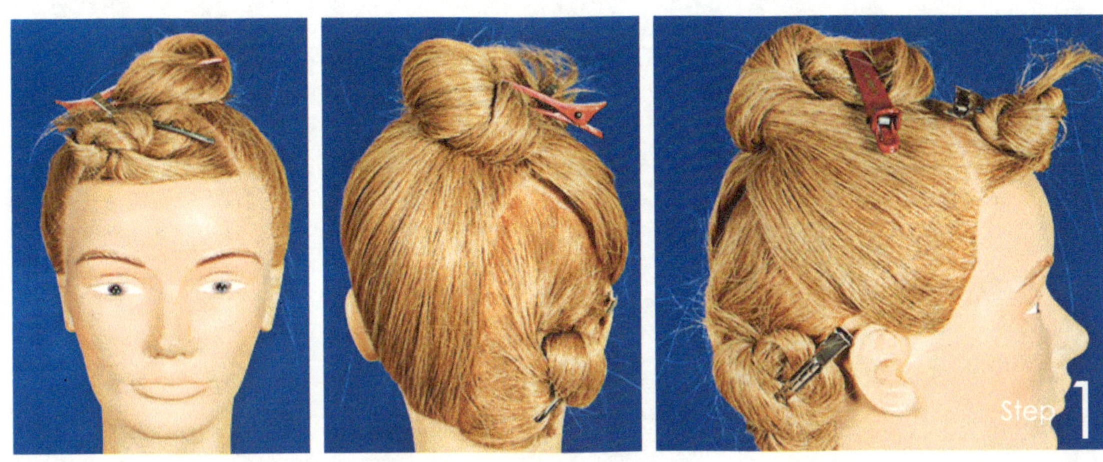

将头发分成3个区（正面，后面，侧面）。

前额区倒梳，梳通表面。将刘海弯曲折叠，下夹固定。将发梢定位，发尾倒梳，梳通表面，最后做卷筒。

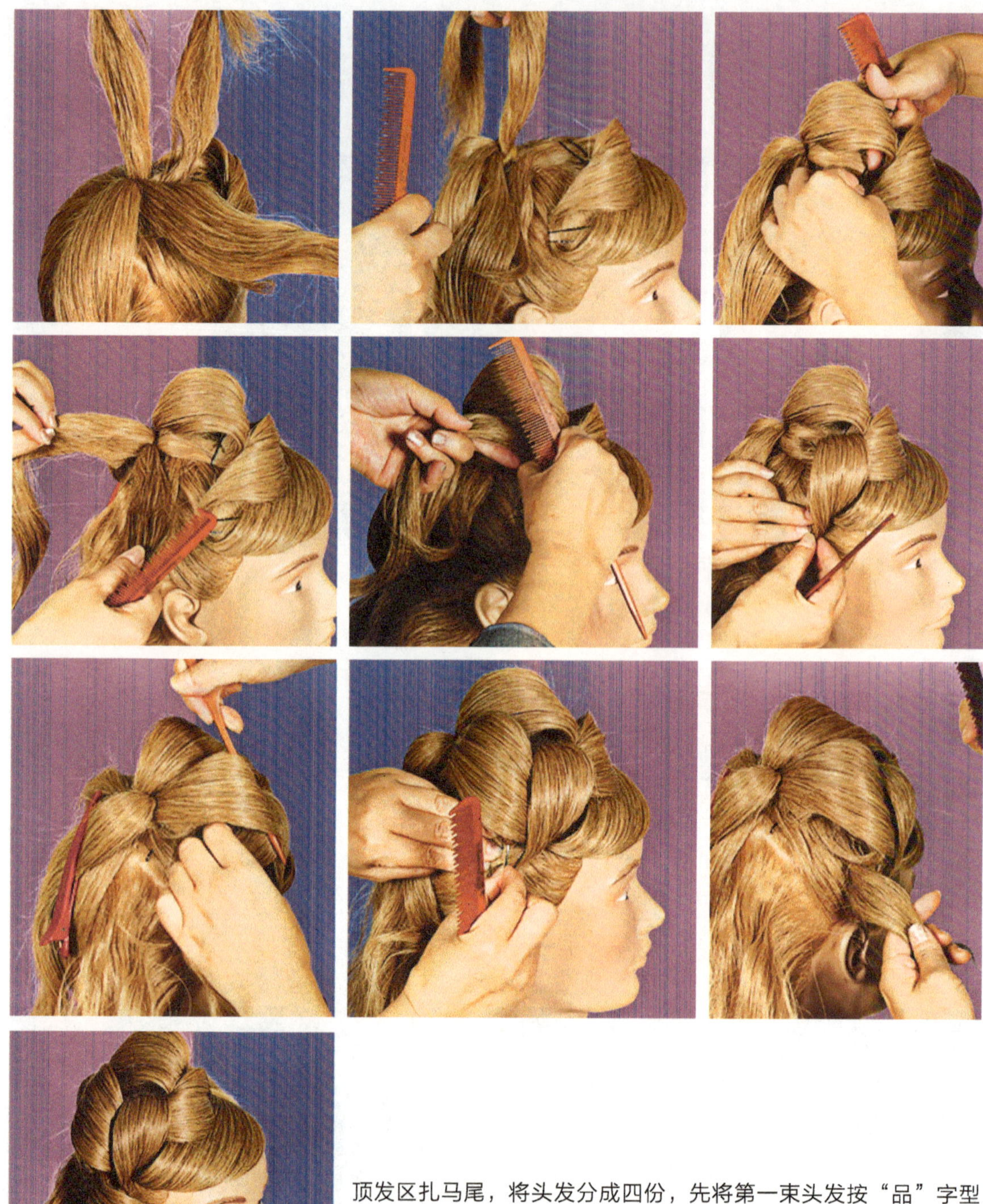

Step 3

顶发区扎马尾，将头发分成四份，先将第一束头发按“品”字型排列做卷筒。第二卷与第一卷衔接做卷筒，将第二束定位。衔接形成“品”字型，块面造型，将第三束倒梳，梳通表面头发，衔接上一个卷筒做卷筒，下夹固定。将发尾定位，确定发片方向，然后做卷筒，下夹固定。

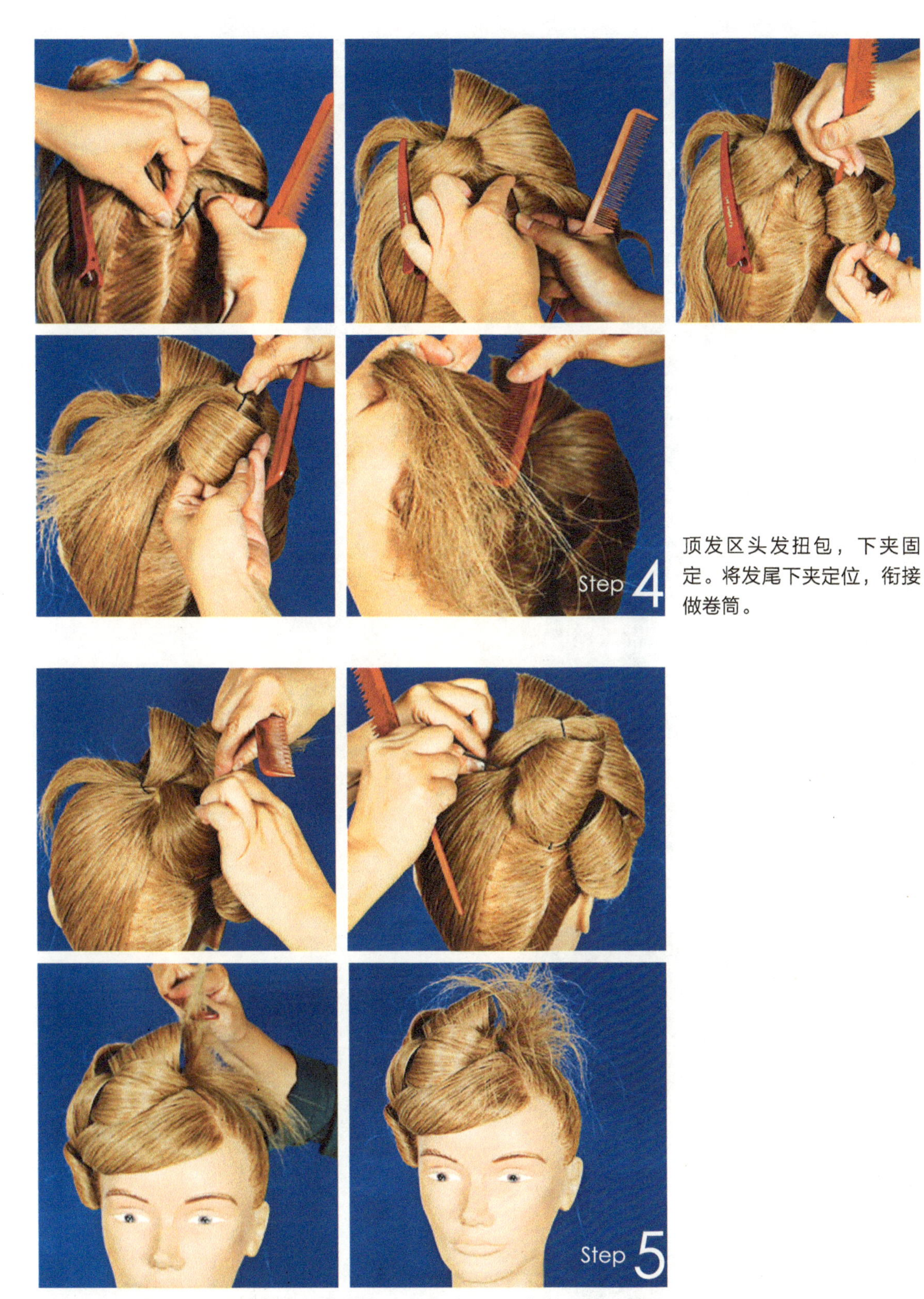

顶发区头发扭包，下夹固定。将发尾下夹定位，衔接做卷筒。

后发区头发衔接上一个卷筒，下夹固定。弯曲成形，用倒梳的方式梳通表面，发梢定位。发梢倒梳造型。整理发片，完善造型。

搭配头饰，完成整体效果。

2. 婚礼型盘发二

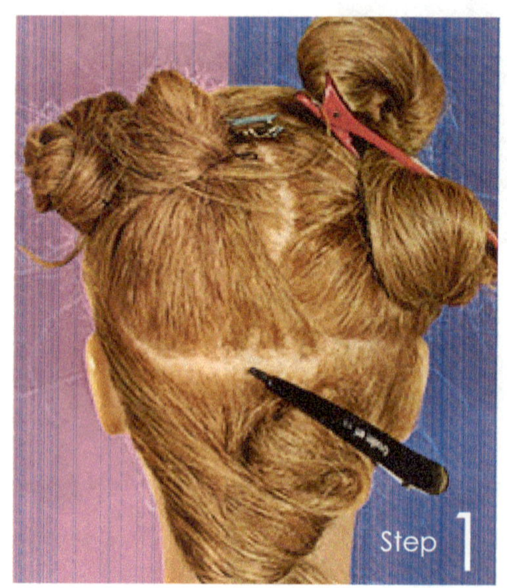

将头顶分成4个区并扎上马尾。

将1区头发在后部做拧包，用倒梳方式梳通表面，梳子力度均匀，向上提拉发片，钢架在后发际线1/2处下夹固定左侧卷发。发片提升角度，反手扭包，左手调整形线，转弯处下夹固定，调整再下夹固定。通过挑、挤、压方式调整形线。在形线下夹固定，形成拧包效果。

2区使用假发，将假发固定，倒梳头发，将马尾分两份，梳通表面，控制发片宽度，发片贴在假发上梳理，调整后将发尾遮盖假发下夹固定，另一束做“8”字型点缀。

将3区头发以卷筒排列成花，把马尾分成三束。将第一束做斜卷，发尾做发平造型；将第二束做“品”字型排列卷筒；第三束衔接做层次，卷筒向下垂落。

将4区头发倒梳并与一区发尾连接后倒梳。定位衔接，用倒梳方式控制发片梳通表面。做竖卷卷筒，控制卷筒大小，转弯处固定，倒梳，做斜卷，调整卷筒下夹固定。

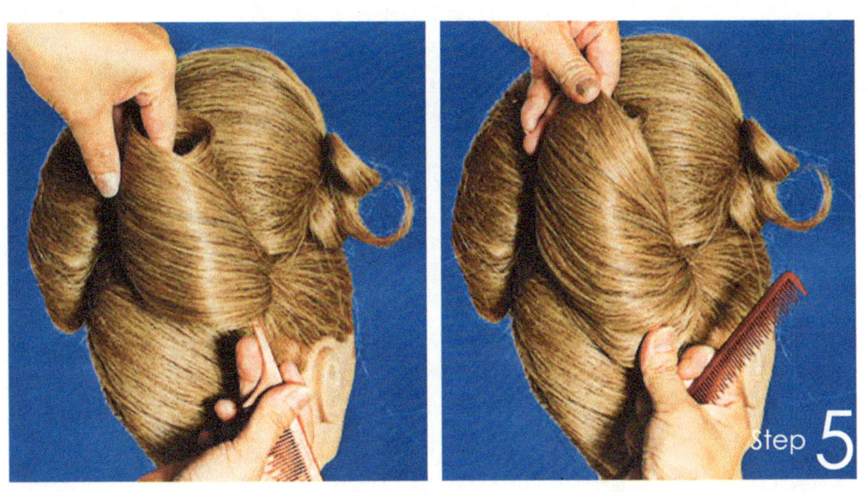

将4区头发倒梳并与一区发尾连接后倒梳。定位衔接，用倒梳方式控制发片梳通表面。做竖卷卷筒，控制卷筒大小，转弯处固定，倒梳，做斜卷，调整卷筒下夹固定。

搭配头饰，完成整体效果。

实践要求

发型一　婚礼型盘发一

“品”字型排列做卷，整体排列有序。

发型二　婚礼型盘发二

块面之间相互协调，“品”字型排列有层次。

任务评价

评价内容	评价方式			评价结果
	自评（20%）	互评（20%）	师评（60%）	
分区，分份合理	□优□良□中□差	□优□良□中□差	□优□良□中□差	综合评价 □优□良□中□差
发型有层次，排列合理有序	□优□良□中□差	□优□良□中□差	□优□良□中□差	
发片具有光泽度，发丝梳光梳顺	□优□良□中□差	□优□良□中□差	□优□良□中□差	
区域之间自然衔接，不能露出分份线和钢夹	□优□良□中□差	□优□良□中□差	□优□良□中□差	提升建议
饰物点缀恰到好处	□优□良□中□差	□优□良□中□差	□优□良□中□差	

图 5-3-1

此款新娘盘发造型顶部盘发用斜卷块面叠加手法，后发区采用竖卷、波纹，与妆面、服饰相协调，使整个造型高低起伏、错落有致，浑然一体。主要突出新娘的纯洁，干净。尽显自然靓丽，别致的个性，如图5-3-1所示。

图 5-3-2

此款新娘盘发发型属于艺术性欣赏的新娘盘发造型，在此款发型中需要运用假发，染发，吹风等配合造型，假发增加其高低，染发体现层次渐变，并结合吹风造型，吹出流向层次感。搭配上头饰整体协调。使这款新娘盘发造型呈现出娇媚、艳丽、时尚之感，如图5-3-2所示。

综合运用

造型要求

根据模特的脸型、气质等打造一款适合她的新娘盘发造型。

操作要点

① 发型要注重顶部的刻画，将头发全部扎起（没有刘海）梳成高位马尾，在马尾处使用假发以增加头发的高度，用马尾的头发包裹假发，采用发卷盘旋向上造型，选用花卉绢丝的头饰来完善造型；

② 妆面要与发型效果搭配；

③ 婚纱和饰品的选择风格要统一，主题要相同。

图 5-3-3

造型分析

此款新娘盘发造型运用了大量的假发和夸张的头饰，主题突出，个性鲜明，发型、妆面、服装搭配协调，具有较强的艺术性、观赏性和时尚性。使此款造型凸显了新娘的高贵、精致，又不失新娘的纯洁，如图5-3-3所示。

盘发造型——晚宴型

任务描述 / 会两款晚宴型盘发造型
用具准备 / 假人头、尖尾梳、皮筋、发夹、发饰等
场　　地 / 实训室
技能要求 / 运用盘发技法进行晚宴型盘发造型

知识准备　晚宴型盘发的概念及特点

概念　晚宴型盘发形体高低、宽窄、正斜、简繁均可，但必须有实用性和审美价值，一般适合宴会、舞会、庆典等隆重场合。

特点　宴会盘发突出女性的高贵与华丽气质，体现现代与古典的美感。由于宴会盘发常适用于晚间，因而发式应配以晶莹闪烁、溢彩流光的珠宝饰物，发式与晚宴服饰相得益彰，烘托主人的雍容华贵。如果发式设计与服饰设计得体，则更显光彩照人。此外，梳理晚宴发型更要注意发丝的光滑、流畅。

实践操作　晚宴型盘发的步骤与方法

1. 晚宴型盘发一

将头发分成三个区，如图所示。

将后部头发从根部到发尾成90° 角倒梳，提拉发片，将头发向右1/2处梳理，在后部1/2处下夹固定左边头发，固定后将右边头发斜向45° 角梳理，以梳子做转轴，弯曲折叠。在转弯处下夹，用左手轻放稳定拧包的形，调整形线，使上、下线条弯曲一致，包出弧度，形成椎体拧包。

将后部头发从根部到发尾成90° 角倒梳，提拉发片，将头发向右1/2处梳理，在后部1/2处下夹固定左边头发，固定后将右边头发斜向45° 角梳理，以梳子做转轴，弯曲折叠。在转弯处下夹，用左手轻放稳定拧包的形，调整形线，使上、下线条弯曲一致，包出弧度，形成椎体拧包。

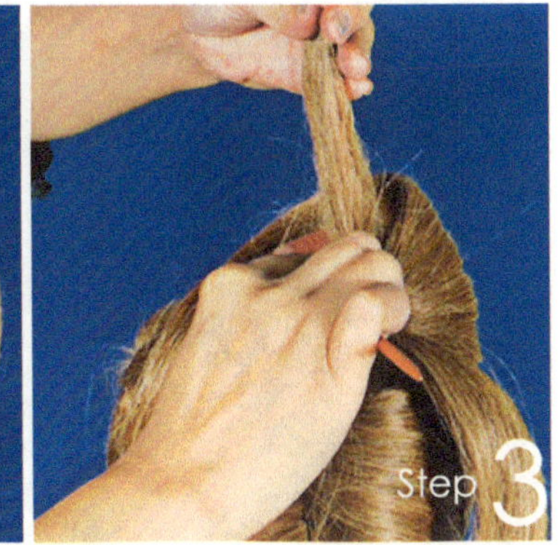

将顶区扎成马尾，发尾分成2束。将右边一束头发，进行倒梳，将发片梳通，表面向前做波纹，在头顶做斜卷；另一束头发倒梳，梳通头发表面，确定方向与第一束头发衔接，做斜卷，与第一束斜卷形成层次，在手指按的位置下夹固定；发尾做波纹，下夹固定。

前额区拧包发尾倒梳，梳通表面，做斜卷与上下衔接。在转弯处下夹固定。

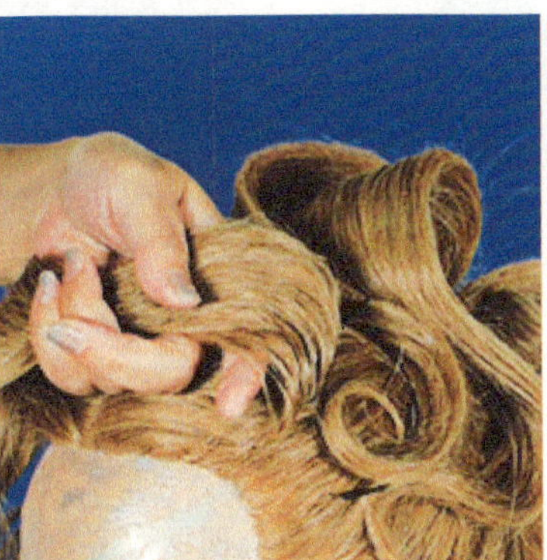

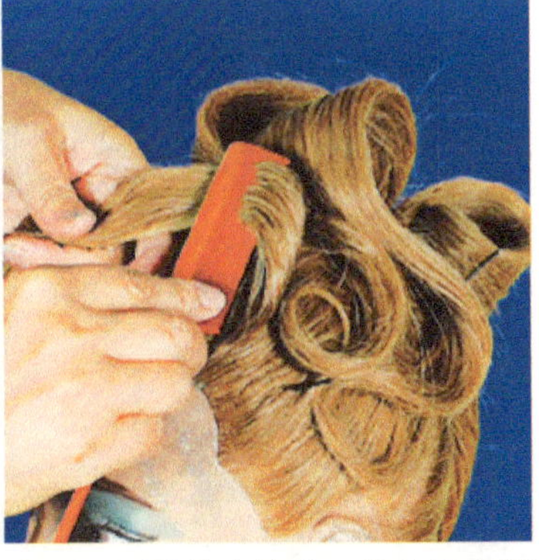

将前额区头发分成上、下两份，将发片向侧梳理，下夹定位，梳子垂直向下，用手推出波纹，将左手食指压在手推波纹（向左）上，下夹固定，梳子垂直向下，向左手推波纹，将左手食指压在手推波纹下，下夹固定，方法以此类推。另一片发片方法同上，依次内推，取掉明夹，上暗夹，整理造型（手推波纹）。

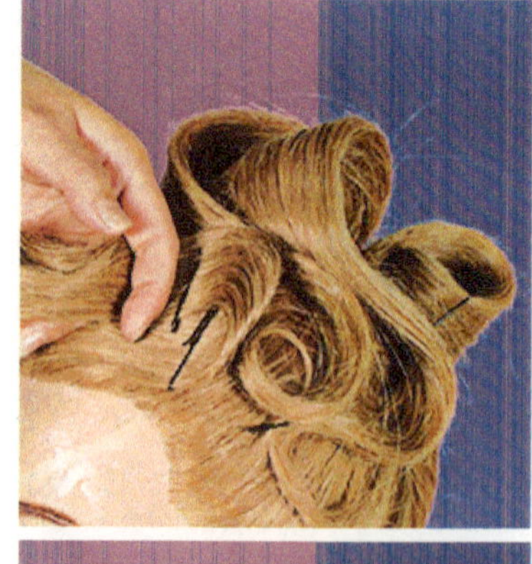

将前额区头发分成上、下两份，将发片向侧梳理，下夹定位，梳子垂直向下，用手推出波纹，将左手食指压在手推波纹（向左）上，下夹固定，梳子垂直向下，向左手推波纹，将左手食指压在手推波纹下，下夹固定，方法以此类推。另一片发片方法同上，依次内推，取掉明夹，上暗夹，整理造型（手推波纹）。

搭配头饰，完成整体效果。

2. 晚宴型盘发二——拧包扇形“8”组合造型

后部头发从左到右倒梳，从根部到发尾梳理发片。梳子与头发成 90° 倒梳。

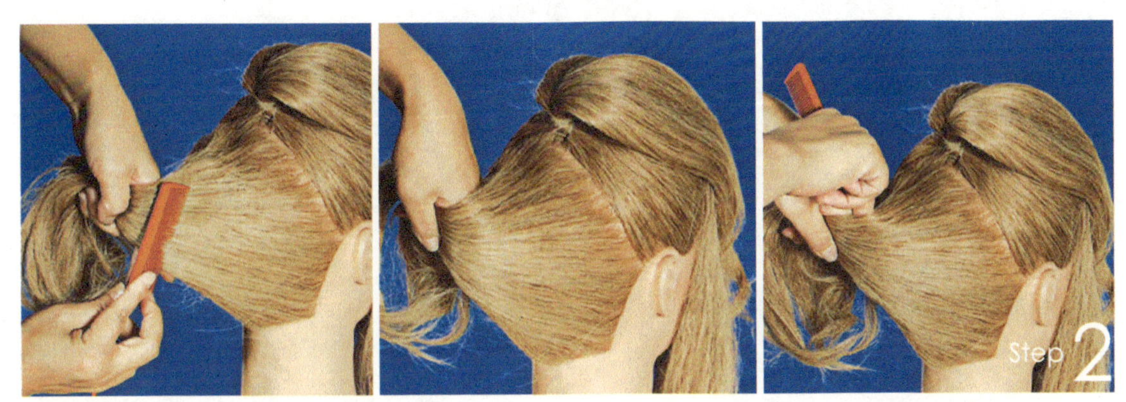

梳通表面，梳子与头发成最低角度，由下向上提升角度梳理，向外提拉，发片弯曲形成一定弧度，用梳子做转轴。

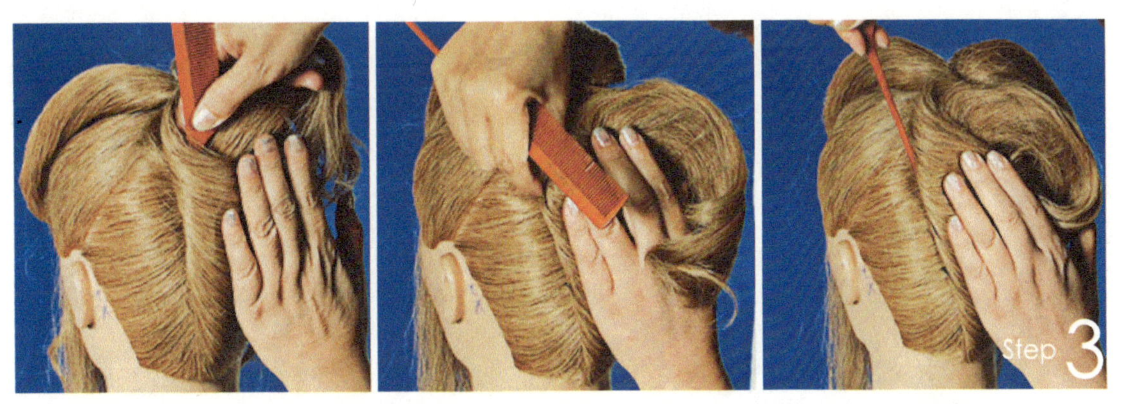

弯曲折叠形成椎体效果，从转弯处依次下来，采用挑、挤、压的手法调整形线，下夹固定。

将顶区头发扎高马尾固定在头顶上，斜向右方，重心偏向右边作扇形卷。将发片倒梳，梳通表面，将发片做卷筒，在转弯处下夹固定，将卷筒拉出扇形卷，拉的力度要均匀，边拉边看形，用手指将力点稳定再下夹固定。

将前额区头发倒梳，从发根到发尾，梳通表面。控制好发片，以梳子做转轴，将头发弯曲折叠。将发尾与斜卷形成“8”字型，下夹固定。

将顶区另一束头发倒梳，梳通表面，手指控制发片的宽度，卷出所需要的卷筒，卷筒的大小依靠上下手指提拉发片调节。

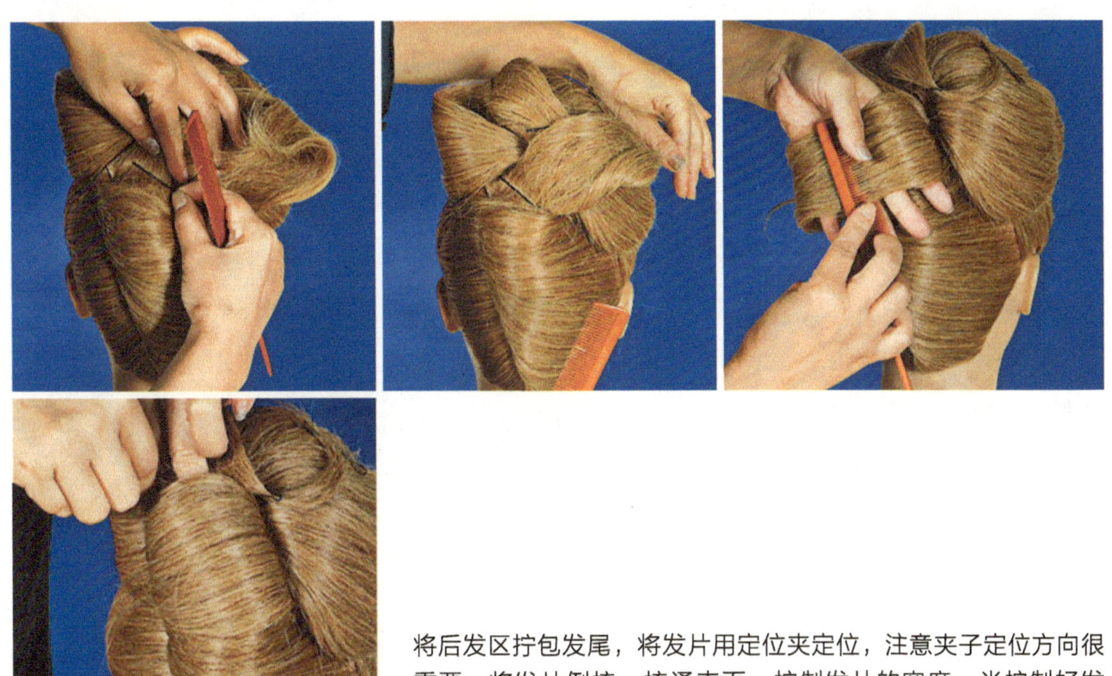

将后发区拧包发尾，将发片用定位夹定位，注意夹子定位方向很重要。将发片倒梳，梳通表面，控制发片的宽度。当控制好发片的宽度时，反手弯曲折叠，弯曲折叠成形上、下衔接，下夹固定。

搭配头饰，完成整体造型达到预期效果。

实践要求

发型一　晚宴型盘发一

掌握手推波纹和手摆波纹的手法和技巧。

发型二　晚宴型盘发二——拧包扇形“8”组合造型

块面衔接自然、柔和、大小分配适中。

任务评价

评价内容	评价方式			评价结果
	自评（20%）	互评（20%）	师评（60%）	
分区，分份合理	□优□良□中□差	□优□良□中□差	□优□良□中□差	综合评价 □优□良□中□差
发型有层次，排列合理有序	□优□良□中□差	□优□良□中□差	□优□良□中□差	
发片具有光泽度，发丝梳光梳顺	□优□良□中□差	□优□良□中□差	□优□良□中□差	
区域之间自然衔接，不能露出分份线和钢夹	□优□良□中□差	□优□良□中□差	□优□良□中□差	提升建议
饰物点缀恰到好处	□优□良□中□差	□优□良□中□差	□优□良□中□差	

图 5-4-1

此款晚宴盘发造型着重于顶部前区的处理手法，运用吹风及染发技术。运用艺术表现手法，是对造型者功底的一大考验，时尚与艺术感相结合。使这款发型彰显风格新颖、夸张，光艳照人之感，如图5-4-1所示。

图 5-4-2

此款晚宴盘发造型着重于对发型前发区和顶发区制造，采用仿真假发造型作点缀，颜色鲜明，造型新颖，进行夸张的处理，充分体现艺术表现力，使整款发型与流行相结合、具有较强的艺术感染力、富于立体感，如图5-4-2所示。

综合运用

造型要求

根据模特的脸型、气质等打造一款适合她的晚宴盘发造型。

操作要点

① 发型要注重顶部的刻画，将前额的头发扎马尾，后侧的头发扎高位马尾，马尾分别采用发卷、波纹技法根据造型设计进行梳理，通过渐变颜色的过渡以及发饰的选择，纹理光滑、造型饱满、富有张力；

② 妆面要与发型效果搭配；

③ 服饰和发饰的选择风格要统一，主题要相同。

造型分析

此款晚宴造型适用于气氛隆重的社交场所，要求妆色、发型协调一致，并恰如其分的表达出造型主题，服装、发饰有特殊要求，因此，整体造型充分展示出高雅、妩媚、活力四射的个性魅力，如图5-4-3所示。

图 5-4-3

盘发造型——比赛型

任务描述 / 会两款比赛型盘发造型
用具准备 / 假人头、尖尾梳、皮筋、发夹、发饰等
场　　地 / 实训室
技能要求 / 运用盘发技法进行比赛型盘发造型

知识准备　比赛型盘发的概念及特点

概念　比赛盘发是指在各地域、全国乃至国际，举办的大赛中美发专业所体现出来的发型。此类发型要体现出三个方面：一是工艺细腻，有扎实的梳理功底；二是发型别致、新颖，有创意；三是实用性和推广价值。

特点　创新性、前瞻性、引领性，具有技术特色。

实践操作　比赛型盘发的步骤及方法

1. 比赛型盘发一

将头发分区，扎马尾。

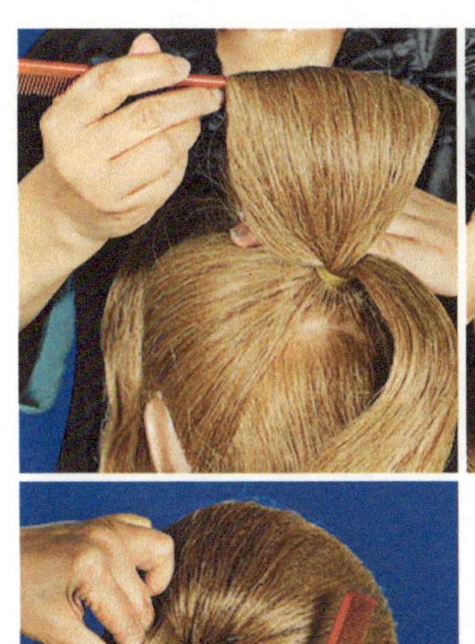

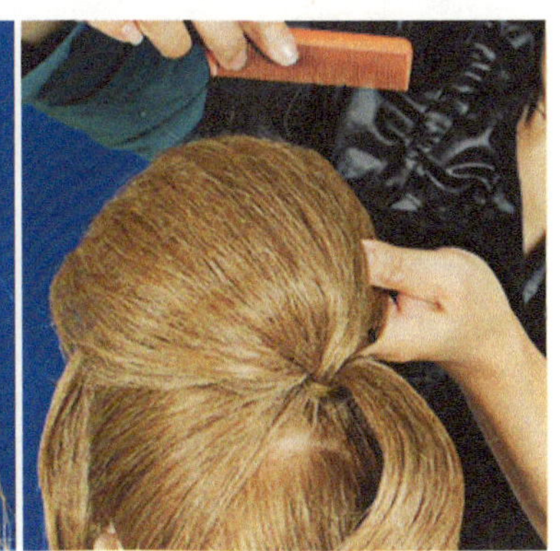

顶区头发分成二束，将第一束倒梳，梳通表面，做卷筒，拉出扇形卷，第二束发片在扇形卷后做斜卷。

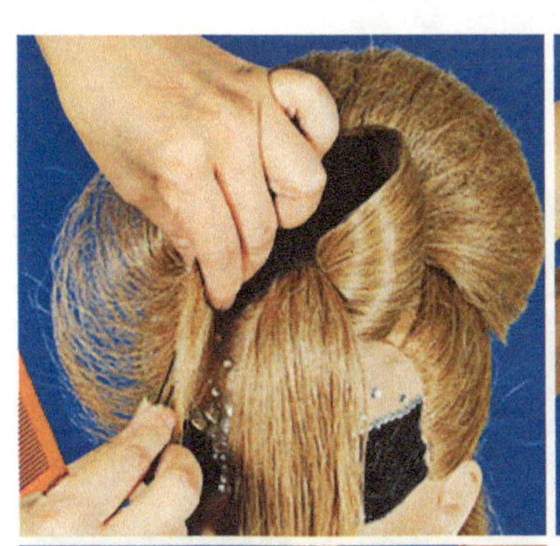

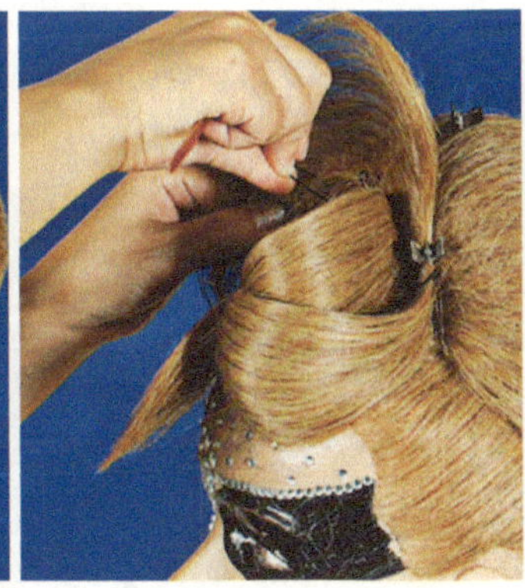

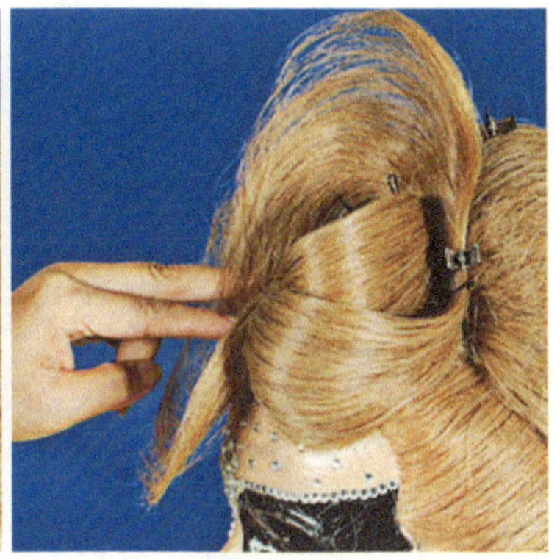

将前额区马尾分成二束，第一束发片倒梳，梳通表面，做斜卷，下夹，发尾与斜卷形成波纹，调整发尾造型，U型夹暂时固定；第二束发片倒梳，梳理成形，与第一发片形成层次下夹，发尾调整成波纹，发片与第一束发片造型协调。

后发区头发分成三片，倒梳，梳通表面，分别做发片，将发片整体形成手摆波纹，与上面斜卷形成层次效果，另一束发片上面形成层次，发尾与整体协调。

搭配头饰，完成整体效果。

2. 比赛型盘发二

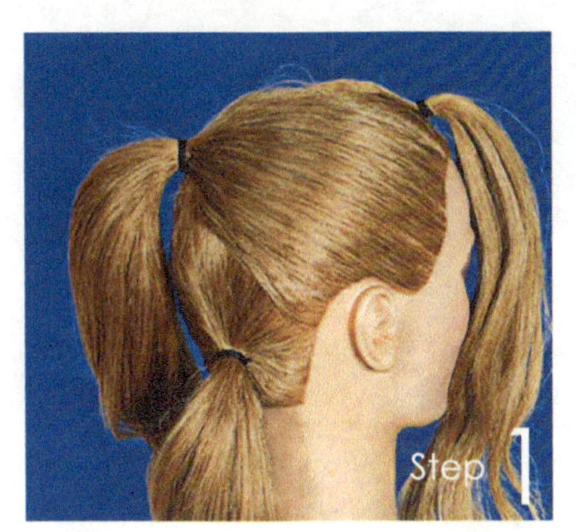

将头发分区，分成前额区、顶发区、后发区，将每区头发分别扎马尾。

将前额区头发分成3个发片，将第一发片弯曲折叠，用U型夹下夹固定，并同时调整发片。第二、三发片依次类推，三个发片发尾分别做造型。

将顶发区头发倒梳，梳通表面，做斜卷，下夹，发尾分两束头发，分别做梳理、造型，分别成 S形和 C形。

将后发区头发分成三束，第一束梳理造型成S形手摆波纹，第二束梳理，与第一束搭配协调，并形成层次效果，第三束梳理发片，向下弯曲折叠成发卷，发尾紧靠右边与整体协调。

搭配头饰，完成整体效果。

实践要求

发型一：比赛型盘发一

发尾造型柔和，后发区层次衔接自然。

发型二：比赛型盘发二——拧包扇形“8”组合造型

比例协调、层次丰富、线条柔和。

任务评价

评价内容	评价方式			评价结果
	自评（20%）	互评（20%）	师评（60%）	
分区，分份合理	□优□良□中□差	□优□良□中□差	□优□良□中□差	综合评价 □优□良□中□差
发型有层次，排列合理有序	□优□良□中□差	□优□良□中□差	□优□良□中□差	
发片具有光泽度，发丝梳光梳顺	□优□良□中□差	□优□良□中□差	□优□良□中□差	
区域之间自然衔接，不能露出分份线和钢夹	□优□良□中□差	□优□良□中□差	□优□良□中□差	提升建议
饰物点缀恰到好处	□优□良□中□差	□优□良□中□差	□优□良□中□差	

案例分析

图 5-5-1

此款比赛型盘发采用波纹技法层层盘旋，运用渐变颜色突出纹理效果，富有动感的珠状头饰在发片中摇曳。通过为模特塑造的形象来表达艺术构思和审美意识，它不是只为漂亮在完成造型，而是在适用的基础上尽展艺术效果，多用于参赛或者技术交流，有别于其他的造型，而是要求强调整体和谐之美，如图5-5-1所示。

图 5-5-2

此款比赛型盘发造型上运用吹风、假发、染色、电卷棒等多种美发工具及技术相搭配完成，反映娴熟的技术功底和艺术底蕴，是全面综合技术的一大考验，发型具有前瞻性，能得到借鉴的方法及美的感受，如图5-5-2所示。

综合运用

造型要求

根据模特的脸型、气质等打造一款适合她的比赛型盘发造型。

操作要点

① 发型要注重前额和顶部的刻画，前额采用发卷与波纹技法相结合，顶部运用发卷技法形成斜向造型效果，渐变的发色烘托发型，若隐若现的头饰点缀其中；

② 妆面要与发型效果搭配；

③ 服饰和发饰的选择风格要统一，主题要相同。

造型分析

此款比赛型盘发以发卷、波纹技法为主体，渐变的发色的运用与相呼应的发饰搭配，再通过妆面与服饰等装饰点缀，使整体造型呈现较高艺术性，在造型设计中要注重了实用性及艺术性效果的相互搭配与比例，造型后将具有强烈的视觉感及表现力，如图5-5-3所示。

图 5-5-3

盘发造型——表演型

任务描述 / 两款表演型盘发造型

用具准备 / 假人头、尖尾梳、皮筋、发夹、发饰等

场　　地 / 实训室

技能要求 / 运用盘发技法进行表演型盘发造型

知识准备　表演型盘发含义及特点

含义　表演型盘发要充分展开想象力，它虽然是来源于生活实践中，但必须高于现实生活，最好要超出实用性。不论真发质还是其他外在物质均可运用在造型中，发型要具有赏心悦目、新奇脱俗的视觉美感。

特点　夸张的手法表现，具有视觉冲击力及舞台表演感。它能够带给人美的享受。

实践操作　表演型盘发的步骤及方法

1. 表演型盘发一

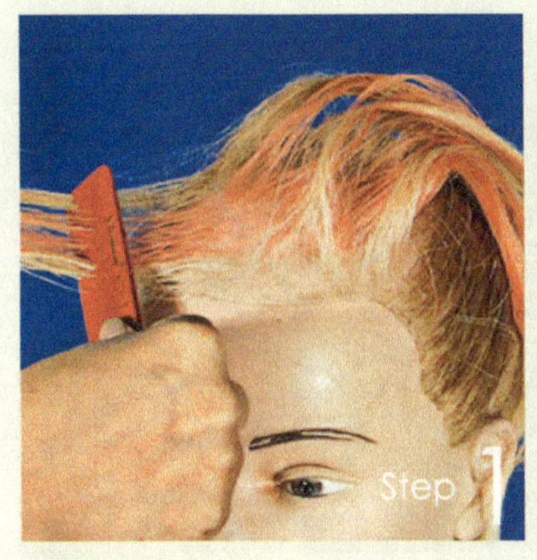

先将头分成3区。将第1区分片倒梳。

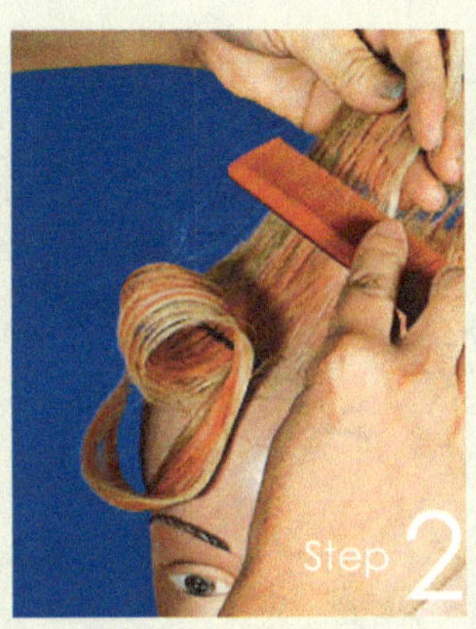

将第二片倒梳。

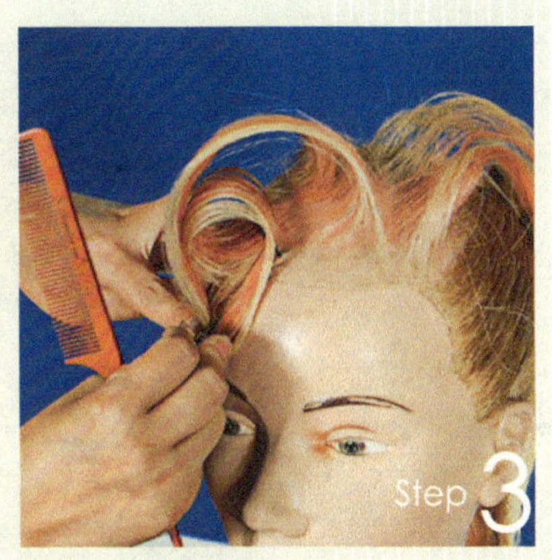

第二片梳通表面后与第一片卷筒形成层次。

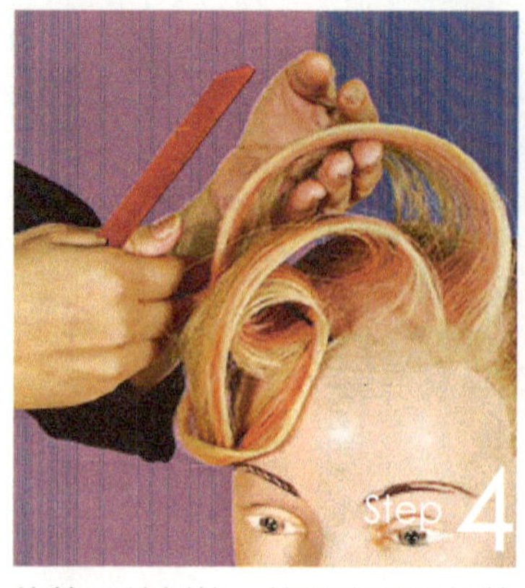

将第三片倒梳，梳通表面后与第二片发片形成层次。

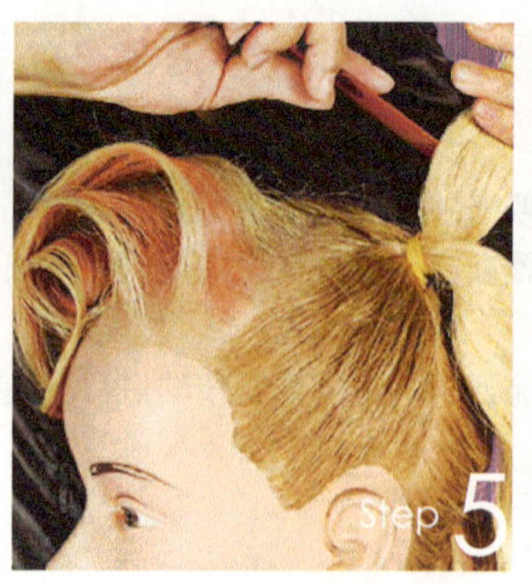

将第二片头发扎马尾分成两束。

将第一束做斜卷。

将发尾手摆波纹，下夹固定。

将第二束倒梳，梳通表面发片与第一束的斜卷形成层次。

发尾下夹形成整体效果。

将3区扎马尾分成四束。

将第一片梳理成发片后做手摆波纹向上提升。

将第二片梳理成形，做内层卷下夹固定。

发尾手摆造型，下夹固定。

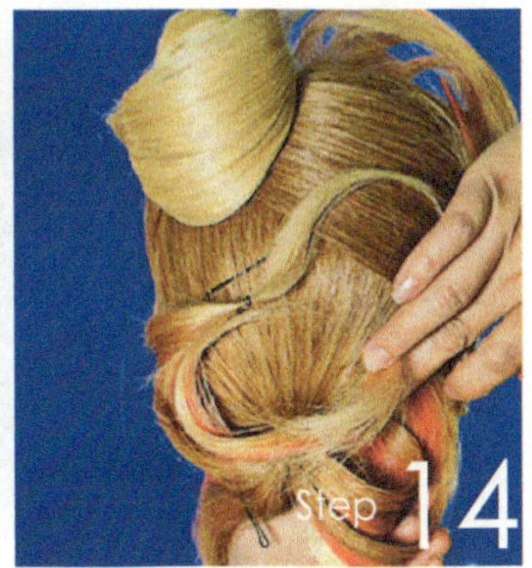

第三片梳理成形第二层次，第四片梳理成形第三层次。

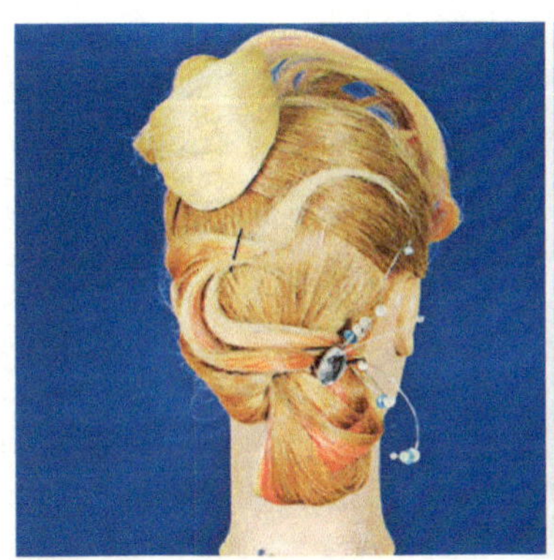

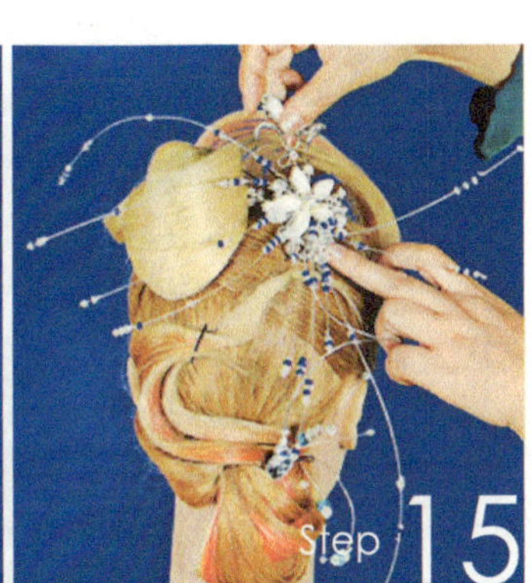

搭配头饰，完成整体效果。

2. 表演型盘发二

将头发分成两区，分别扎马尾，前区、顶区，分别扎上马尾。

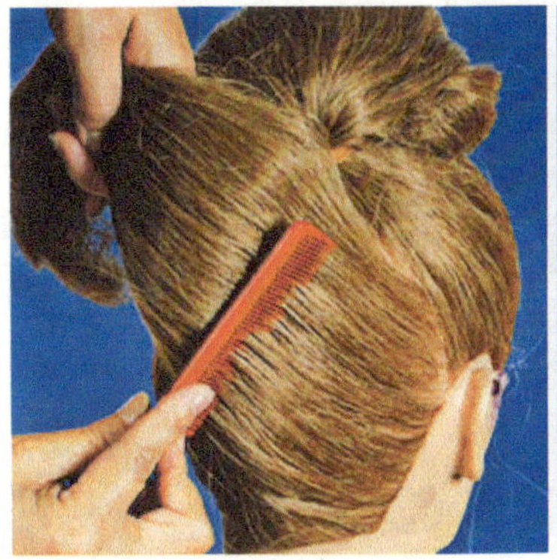

后发区头发倒梳，向上提升，梳通表面，扭包单髻，下夹固定后部完成。

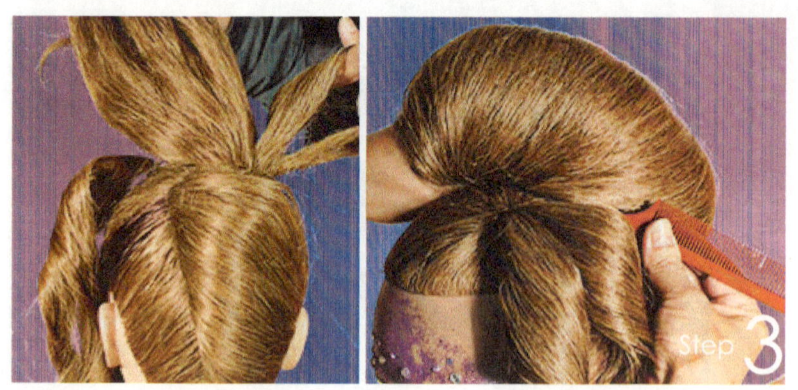

将顶区马尾分成不同发量的三个发束，第一束倒梳，梳通表面，做大扇形卷，下夹固定。

将前额区头发分成三片，将第一片梳理成形，做卷筒，发尾等候造型。

第二发片梳理成形，与第一片形成层次，发尾等候造型，第三片同上，第三片梳理成形，发尾造型。

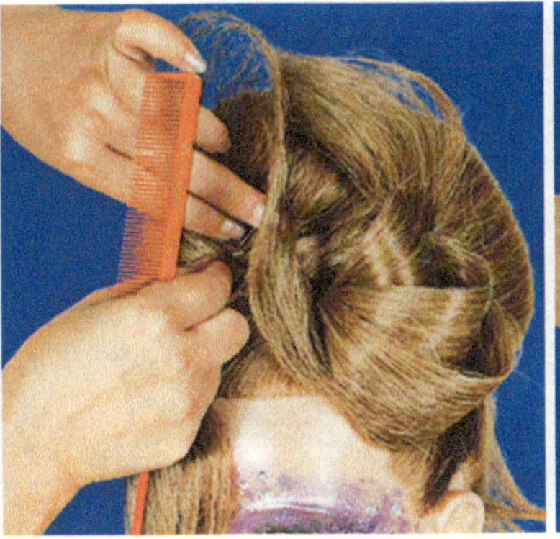

第二束发尾与第三束发尾协调造型，第一束发尾形成S形，整体效果如图所示。

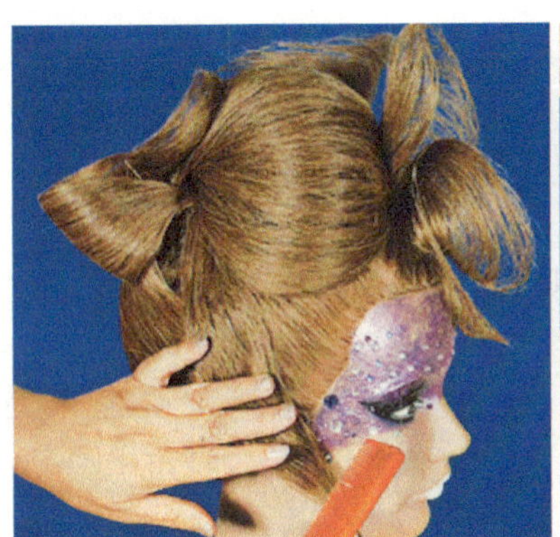

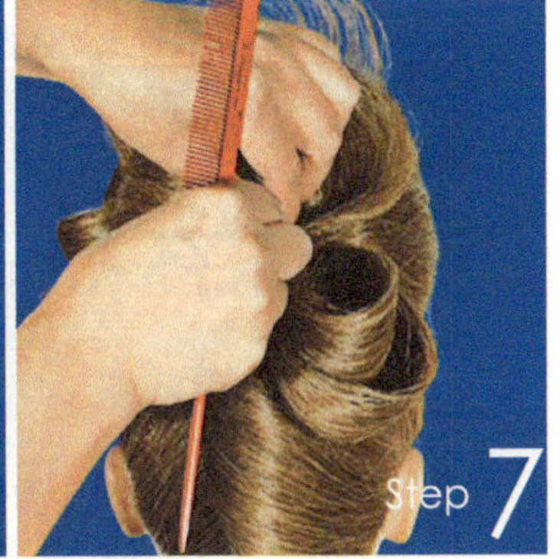

将顶区第二束发片倒梳，整理成形，做成S形，将顶区第三束发片与第二束发片形成层次。

搭配头饰，完成整体效果。

搭配头饰，完成整体效果。

实践要求

发型一：表演型盘发一

发型具有不对称的平衡，体现层次感，前后呼应。

发型二：表演型盘发二

线条柔和，层次自然分明，发尾流向 S形。

任务评价

评价内容	评价方式			评价结果
	自评（20%）	互评（20%）	师评（60%）	
分区，分份合理	□优□良□中□差	□优□良□中□差	□优□良□中□差	综合评价 □优□良□中□差
发型有层次，排列合理有序	□优□良□中□差	□优□良□中□差	□优□良□中□差	
发片具有光泽度，发丝梳光梳顺	□优□良□中□差	□优□良□中□差	□优□良□中□差	
区域之间自然衔接，不能露出分份线和钢夹	□优□良□中□差	□优□良□中□差	□优□良□中□差	提升建议
饰物点缀恰到好处	□优□良□中□差	□优□良□中□差	□优□良□中□差	

案例分析

图 5-6-1

图 5-6-2

此款表演型盘发在前额采用立体波纹技法层层盘旋富有动感，红、黄对比色、造型别致的发饰的大胆运用，符合表演要求，有鲜明的主题，主题是灵魂，让人们在欣赏的同时，让人有学习与增加自身修养的感受，围绕真善美来表达造型（如图5-6-1，图5-6-2所示）。

图 5-6-3

图 5-6-4

此款表演型盘发在前额采用竖卷、顶部运用立体波纹技法来展示造型的艺术性，柔和的发色处理和发射状的头饰选用具有较强的表演力，体现了各方面综合素质，通过加强自生的修养，不断累积经验，使整款造型令人耳目一新，产生独特的艺术形象之感（如图5-6-3和图5-6-4所示）。

综合运用

造型要求

根据模特的脸型、气质等打造一款适合她的表演型盘发造型。

操作要点

① 发型要注重刘海、顶部的刻画，采用中分刘海来显现模特标致的脸型，大量运用假发使发型高而大具有较强的视觉冲击力，以及造型别致、新颖头饰选择；

② 妆面要与发型效果搭配；

③ 婚纱和饰品的选择风格要统一，主题要相同。

造型分析

此款表演型盘发造型以假发为主体，表演发型除了可以使用真人造型外，假发造型也是一个必不可少的内容，常常表演发型为了变化更大，在短时间内变发型，就会优先考虑假发来完成盘发造型。通过头饰、服饰等装饰点缀，使整体造型呈现优雅、高贵、纯洁的感觉，如图5-6-5所示。

图 5-6-5

单元回顾

本单元分别介绍了日常型盘发、休闲型盘发、婚礼型盘发、晚宴型盘发、比赛型盘发、表演型盘发的概念、特点以及造型的步骤方法，通过对基础知识的学习，完成以下任务。

1. 通过阅读书籍及浏览网页信息，设计完成一款新娘盘发、一款假发盘发、一款比赛盘发。
2. 分清楚各种盘发造型之间的区别及共通点。
3. 分组检查讨论盘发造型作业。

单元练习

一、判断题

1. 盘发是指把头发束起将其技巧的盘编在头上，用以装饰和美化发式的一种塑形技术。（　　）
2. 盘发可以较好的弥补人的脸型、头型、体型等的不足。（　　）
3. 古典类型盘发是指云髻、宋、元、明时代所盛行的发型（　　）
4. 传统盘发基本是在 1919年到1976年这一历史阶段流行的盘发造型。（　　）
5. 遮盖法是利用发饰组合成适当发型来弥补脸型的不足。（　　）
6. 填充法是指借助假发、头发或某些装饰来弥补头型和脸型的不足。（　　）
7. 脸型过长，可将两侧头发梳紧来衬托使脸型变圆。（　　）
8. 长脸型发型尽量往顶部做。（　　）
9. 在盘发造型中，巧妙地选用饰物可使发型“锦上添花”。（　　）
10. 在盘发造型中饰物是整个发型的辅助部分，能突出和强调发型的整体美。（　　）
11. 色彩是发型饰物设计的要素之一。（　　）
12. 日常盘发是指在工作学习中常梳理的盘发造型。（　　）
13. 晚宴盘发一般适合小型娱乐活动、舞会、生日等场合。（　　）
14. 比赛型盘发是指美发专业在各地域、全国乃至国际举办的大赛中所体现出来的发型。（　　）
15. 表演盘发要充分开展想象力，任意来设计发型。（　　）

二、选择题

1. 盘发具有简便性、高雅性、多样性和__________。

   A. 广泛性　　B. 简洁性　　C. 多变性

2. 盘发分类为历史阶段、__________两大分类。

   A. 婚礼　　B. 场合分类　　C. 晚宴

3. 历史阶段盘发可分为__________传统型、现代型三种。

   A. 古典类型　　B. 国外类型　　C. 国内类型

4. 盘发场合分类可分为日常型、休闲型、婚礼型、晚宴型、赛事型、__________六种类型。

   A. 时尚型　　B. 传统型　　C. 表演型

5. 盘发的技巧是对前额和__________部分头发的处理。

   A. 头顶　　B. 后侧　　C. 两侧

6. 衬托法主要是将前额和两侧头发梳蓬松些，以此来衬托__________的不足之处。

   A. 脸形　　B. 头形　　C. 发型

7. 盘发饰物的选配是设计盘发的一个组成部分，必须符合__________形的要求。

   A. 高雅　　B. 审美　　C. 创新

8. 头饰作为装饰物，__________随意添配，盲目乱插。

   A. 不能　　B. 能

9. 日常盘发的特点容易梳理，__________实用。

   A. 简单　　B. 方便　　C. 灵活

10. 休闲型盘发是指探亲、逛街和参加__________。

    A. 酒会　　B. 小型娱乐活动　　C. 生日聚会

11. 婚礼盘发重在体现新娘的__________、秀雅、烘托新婚的喜庆气氛。

    A. 美丽　　B. 清纯　　C. 纯洁

12. 晚宴盘发突出女性的高贵与华丽，体现现代与__________的美感。

    A. 古典　　B. 传统　　C. 时尚

13. 比赛型盘发具有创新性，前瞻性、引领性，具有__________特色。

    A. 现代　　B. 夸张　　C. 技术

14. 表演型盘发用__________手法表现。

    A. 技术　　B. 夸张　　C. 创新

15. 表演型盘发虽然来源于生活实践中要超出__________。

    A. 实用性　　B. 艺术性　　C. 观赏性

参考文献

黄源,周京红. 2010. 美发与造型. 北京: 高等教育出版社.

卢晨明. 2006. 创新发型设计. 北京: 中国劳动社会保障出版社.

卢晨明. 2009. 美发师——形象设计职业技术培训教材. 上海: 上海人民美术出版社.

徐家华,刘建芳. 2010. 发型设计——职业形象设计师通用培训教程. 上海: 上海人民美术出版社.

叶继锋. 2000. 发型设计. 北京: 高等教育出版社.

周锡保. 2011. 中国古代服饰史. 北京: 中央编译出版社.